# DYNAMIQUE

## DES ÊTRES VIVANTS.

BORDEAUX

# DYNAMIQUE

## DES ÊTRES VIVANTS.

Observations par **M. A. BAUDRIMONT.**

BORDEAUX

IMPRIMERIE G. GOUNOUILHOU
Place Puy-Paulin, 4.
1857

Les notes sont à la fin de cet opuscule.

# DYNAMIQUE

## DES ÊTRES VIVANTS.

Les êtres de la nature peuvent être étudiés sous deux points de vues principaux : dans l'état statique et dans l'état dynamique. Dans le premier état, on ne les considère que sous le rapport de l'espace qu'ils occupent, de leur forme, de leur composition et de leur structure plus ou moins intime ; dans le second, on examine les actes qui s'accomplissent en eux ou par eux, et l'on remonte, s'il se peut, à l'origine et à la nature des forces qui déterminent ces actes.

Au premier point de vue correspondent la cosmographie (en tant qu'elle se borne à la description du ciel), la géographie, la minéralogie, l'anatomie, et une partie de la zoologie et de la botanique ; au second se rattachent les mouvements des astres et les lois qui les régissent, les phénomènes qui s'accomplissent incessamment à la surface du globe et dans son intérieur autant que nous pouvons en avoir la notion, la météorologie et la physiologie ou biologie.

Ces deux points de vue correspondent encore, jusqu'à un certain point, à ceux qu'Ampère, dans sa philosophie des sciences, ou plutôt son analyse et sa classification des sciences, a nommés *autoptique* et *cryptoristique* [1]. Il faut reconnaître cependant qu'il s'y rencontre une différence; car, au point de vue autoptique, on ne sépare pas l'étude des astres des mouvements qu'ils exécutent, puisque l'observation les donne simultanément.

Il y a encore une autre différence qui mérite d'être signalée : c'est que la méthode d'Ampère l'ayant conduit à séparer, dès l'origine, les végétaux des animaux, il en est résulté qu'il n'a pu avoir la notion des sciences qui sont communes à ces deux ordres d'êtres [2].

Ces sciences, qui ont échappé à la sagacité de ce savant, sont principalement *l'anatomie générale* et la *physiologie générale,* communes aux deux règnes organiques : les végétaux et les animaux [3].

Des recherches nombreuses sur la structure et la composition chimique des corps démontrent effectivement la nécessité d'instituer une nouvelle science qui comprenne dans son ensemble les êtres vivants [4] considérés au point de vue statique et dynamique, selon les conditions qui viennent d'être indiquées [5].

A la partie statique relative à la structure générale

des êtres vivants se rattachent les travaux de Bichat, créateur de l'anatomie générale des animaux [6], et ceux de M. Raspail, véritable créateur de la *théorie cellulaire,* qui établit le lien d'anatomie intime qui unit les animaux et les végétaux.

La composition chimique des êtres vivants a été l'objet d'un travail spécial entrepris par MM. Boussingault et Dumas, publié sous le nom d'*Essai de Statique chimique des êtres organisés* [7].

Dans ce travail, on trouve des notions assez étendues sur les forces animales; mais elles ne sont point complètes, et il pouvait y avoir de l'intérêt à en poursuivre l'étude.

Depuis longtemps, je m'efforçais de faire converger la plupart des sciences vers ce but, et en 1852, j'ai exposé les principales notions qui s'y rattachaient dans un cours que j'ai fait à la Faculté des Sciences de Bordeaux. Depuis cette époque, la plupart des résultats que j'ai obtenus ont perdu l'attrait de la nouveauté, par suite de faits et d'expériences qui ont été publiés par divers auteurs. Quoi qu'il en soit, le résumé de l'ensemble des notions acquises m'a paru mériter encore la peine d'être livré au public.

En abordant ce sujet, je ne me cache point les difficultés presque insurmontables qu'il présente. Non-seulement la partie statique des êtres vivants est une science nouvelle et imparfaite, mais les phénomènes que ces êtres présentent sont encore moins connus; et enfin lorsque l'on veut remonter à leur origine, à leur cause, il faut reconnaître que la philosophie dite *expérimentale* est insuffisante, et que, pour en dépasser les limites, on est obligé de discuter l'essence même des théories fondamentales des sciences physiques.

Quoi qu'il en soit, je n'ai pas cru devoir m'arrêter devant ces difficultés. Si ce travail ne résout pas toutes les questions qui y sont signalées, il pourra devenir l'origine d'une foule de recherches expérimentales qui ajouteront un nouveau lustre aux connaissances qui sont échues en partage au siècle où nous vivons.

Si parmi les êtres vivants nous considérons le type le plus élevé, qui est l'homme, nous trouvons, au point de vue statique, qu'il est constitué d'une manière générale comme tous les autres corps de la nature; mais au point de vue dynamique, il présente des différences notables qui le distinguent selon son espèce et ses conditions d'existence. On observe chez lui des phénomènes *animiques* d'un ordre particulier, tels que la *sensibilité,* le *jugement,* la *mémoire,* la *volonté,* qui, par leur développement spécial, le distinguent nettement non-seulement des minéraux, mais des végétaux et des animaux.

Ces derniers phénomènes se rattachant à la psychologie proprement dite, sont étrangers au but que je me propose d'atteindre, et leur étude ne sera point abordée dans ce travail.

Ce qu'il importe le plus d'examiner à l'origine de cette science à peine ébauchée, c'est la force mécanique et la chaleur animale, qui sont plus saisissables et plus en harmonie avec nos moyens d'observation; c'est encore un phénomène que je pense être général dans le règne animal, et qui produit en nous cette foule d'images que nous dirigeons pendant la veille, et qui sont la cause principale de nos idées, mais qui, abandonnées à elles-mêmes pendant le sommeil, produisent les songes qui quelquefois nous étonnent par leur bizarrerie.

Cependant, avant d'étudier la partie purement dynamique de ce travail, il ne sera point inutile d'en établir la partie statique, qui lui servira de base. Cela est d'autant plus indispensable, que je n'ai point adopté toutes les opinions qui ont été émises à ce sujet, et qu'il faut qu'il y ait harmonie entre ces deux parties. Et de plus, on verra que cette étude préliminaire était utile, non-seulement pour avoir une idée suffisamment nette de la constitution des êtres vivants, mais encore pour se former une opinion sur la nature des forces qui se développent en eux.

### CONSTITUTION DES ÊTRES VIVANTS.

La constitution des êtres vivants peut être considérée au double point de vue statique et dynamique.

Afin de procéder avec ordre et d'éviter des discussions sur l'essence de la matière et des phénomènes qu'elle présente, nous commencerons par étudier la constitution statique des végétaux, puis celle des animaux; puis enfin nous aborderons la question dynamique.

L'étude statique des êtres vivants peut être établie par l'anatomie, la chimie et la physique.

# PREMIÈRE PARTIE.

### STATIQUE.

Lorsque la simple observation ne suffit plus, le microscope intervient et permet d'en reculer le champ; mais quand l'action de cet instrument devient elle-même insuffisante, là chimie nous donne les moyens d'en dépasser les bornes; car le microscope ne nous permet pas de voir au delà des particules des corps, et la chimie va jusqu'à opérer la division de leurs molécules [8]. Par l'analyse, elle en isole les *principes immédiats,* et, en faisant remonter son investigation jusqu'aux éléments qui les forment, elle nous fait connaître leur *composition ultime.*

Ces deux méthodes d'investigation donnent des résultats précieux.

L'analyse ultime permet d'établir la comparaison des choses les plus disparates, et d'en tirer de très-utiles conclusions. L'analyse immédiate se rapproche beaucoup plus de l'observation directe que la précédente; elle en est le complément. Elle permet d'isoler les éléments constitutifs des corps organiques et d'en faire alors une étude aussi complète que possible.

C'est par la *combustion* que les chimistes parviennent à établir la composition ultime des matières organiques.

Cette opération, faite avec tous les soins indiqués par la logique et l'expérience, donne des résultats d'une simplicité extrême et très-satisfaisants.

## COMPOSITION ULTIME DES ÊTRES ORGANIQUES.

La combustion ordinaire, telle qu'elle a lieu dans nos foyers, tout incomplète qu'elle est, peut donner une idée fort nette de la composition ultime des êtres organiques.

Lorsque l'on brûle un végétal, on observe de la *chaleur* et de la *lumière*, et l'on trouve après l'opération un résidu de cendre.

Le poids de cette cendre est loin de représenter celui de la substance brûlée; et si l'on cherche ce que sont devenus les produits disparus, on trouve que, par une combustion opérée dans les conditions où l'on fait les analyses chimiques, ils auraient été transformés en *eau,* en *acide carbonique* et en *azote.*

L'eau étant formée d'*hydrogène* et d'*oxygène,* et l'acide carbonique l'étant de *carbone* et d'*oxygène,* la composition ultime des végétaux serait représentée par leur cendre, du carbone, de l'hydrogène, de l'azote et de l'oxygène, à moins que l'on ne puisse penser que ce dernier corps eût été emprunté à l'atmosphère pour opérer la combustion du végétal.

Cela est en partie vrai, c'est-à-dire que l'oxygène de l'air intervient dans la combustion. Des analyses spéciales et *quantitatives* ont démontré que les végétaux contenaient de l'oxygène; mais que celui de l'air était cependant indispensable pour en opérer la combustion complète.

L'analyse des cendres des végétaux, exécutée sur un grand nombre d'espèces végétales et en opérant sur les diverses parties qui les constituent, a aussi démontré qu'elles contenaient en général les produits suivants en proportions variables, selon les espèces et les parties soumises à l'analyse :

| | |
|---|---|
| Silicates. | Sodiques. |
| Phosphates. | Potassiques. |
| Sulfates. | Calciques. |
| Carbonates. | Magnésiques. |
| Fluorures. | Ferriques. |
| Chlorures. | Manganiques. |
| Iodures. | |

Les matières minérales trouvées par l'analyse dans les cendres des végétaux, peuvent y être dans un état de combinaison différent de celui sous lequel elles existent dans ces mêmes végétaux. Ainsi, la sève et le suc des plantes contiennent des azotates et des bi-carbonates, qui sont destructibles par la chaleur, et qui par cela même ne peuvent exister dans les cendres; mais les éléments ultimes sont les mêmes dans ces deux cas; il n'y a que le mode de combinaison qui diffère, à cela près de l'azote des azotates, que l'on retrouve parmi les produits volatiles.

En résumé, les végétaux soumis à la combustion se résolvent en trois espèces de produits :

Chaleur et lumière.
Produits destructibles ou disparaissant par la combustion.
Produits indestructibles ou ne disparaissant pas par la combustion.

Les animaux soumis à la même opération donnent des résultats semblables aux précédents, à cela près·de la silice, qui ne s'y rencontre qu'en très–faible quantité, tandis qu'elle abonde dans certaines plantes, et notamment dans les tiges des graminées.

Un peu de réflexion permettait de prévoir ce résultat et d'en indiquer la cause, ainsi que je l'ai fait dès 1833 [9]. En effet, les animaux se nourrissant et s'accroissant uniquement avec des produits puisés dans le règne végétal, doivent avoir leurs organes formés avec les mêmes éléments ultimes que les végétaux.

Les animaux carnivores ne font point exception à cette règle, parce qu'ils se nourrissent d'animaux herbivores, qui sont dans la condition qui vient d'être signalée.

### ORIGINE DES ÉLÉMENTS ULTIMES ENTRANT DANS LA CONSTITUTION DES ÊTRES VIVANTS.

Les animaux étant composés des mêmes éléments que les végétaux, ainsi que cela vient d'être indiqué, il suffira de rechercher l'origine des éléments qui concourent à la formation des végétaux pour connaître ceux qui forment tout le règne organique.

Les végétaux ont leurs racines fixées dans le sol et leur tige plongée dans l'atmosphère.

L'observation a appris que l'eau est indispensable à la végétation, et qu'il existe dans le sol des courants interstitiels produits par de l'eau chargée de toutes les matières qu'elle y rencontre et peut dissoudre. Cette eau s'élève vers la surface du sol; là, elle s'évapore ou pénètre dans les radicules des plantes, où elle est attirée par une espèce d'aspiration, se distribue dans toutes leurs parties, et est exhalée à la surface des feuilles [10].

Des matières minérales peuvent donc être enlevées au sol et portées dans le végétal par des courants aqueux. Le sol contient d'ailleurs toutes les matières minérales que l'analyse indique dans les cendres des végétaux.

La tige plongée dans l'atmosphère est en contact avec tous les éléments qui la constituent : l'azote, l'oxygène, l'acide carbonique, la vapeur d'eau, et elle reçoit en outre la chaleur et la lumière du soleil.

Des observations et des expériences nombreuses ont démontré l'indispensable nécessité de la présence de tous ces éléments, pour que les végétaux proprement dits puissent vivre et s'accroître. Ils puisent dans le sol des éléments nutritifs; ils y prennent même des éléments semblables à ceux qui constituent l'atmosphère; mais l'on sait que des plantes, et notamment certains *cactus*, s'accroissent presque exclusivement par les emprunts qu'ils font à cette dernière [11].

Personne n'ignore qu'une certaine température est indispensable à l'accroissement des plantes, et que, lorsque l'eau est solide, il ne peut plus y avoir de circulation et que la végétation s'arrête.

La lumière est aussi indispensable à l'accroissement des végétaux. Ceux qui croissent dans l'obscurité pèsent moins que les grains qui ont servi à les produire, et ils ne deviennent jamais verts.

Ceux déjà verdis par la lumière solaire, comme les laitues, que les jardiniers lient pour en réunir les feuilles et les mettre ainsi en partie à l'abri de la lumière, non-seulement ne verdissent plus, mais perdent même une partie de la teinte qu'elles avaient, si cette teinte n'était pas trop prononcée; c'est là le phénomène de l'*étiolement*.

La lumière est indispensable à l'accroissement des végétaux.

S'il est quelques êtres qui portent ce nom, comme les champignons, qui s'accroissent rapidement et prennent tout leur développement à l'abri de la lumière, ces êtres, qui paraissent être des végétaux parce qu'ils sont privés de sentiment et de mouvement, sont de véritables animaux au point de vue de leur nutrition : ils ne peuvent vivre qu'aux dépens de matières végétales déjà formées [1].

On sait en outre combien souffrent certaines plantes qui sont simplement abritées par d'autres, et qu'il est indispensable de *sarcler* les champs pour avoir de belles récoltes, afin que les plantes sauvages ne fassent point périr celles que l'on cultive. ·

On peut donc conclure des faits qui viennent d'être signalés et de bien d'autres encore qu'il serait trop long de rapporter, que la lumière est indispensable à la *végétation*.

Les régions voisines des pôles terrestres sont singulièrement favorisées par l'inclinaison de l'axe de rotation de notre globe sur le plan de l'écliptique, et c'est cela qui fait sans doute que la végétation y est si rapide et accomplit toutes ses phases en si peu de temps; car si la somme de la durée des jours et des nuits est la même pour tous les points du globe, il n'est pas moins remarquable que le soleil y reste beaucoup plus long-temps sur l'horizon à l'époque de la végétation, puisqu'au pôle même la durée du jour est de six mois. C'est cette longue présence du soleil qui compense la perte de lumière opérée par la réflexion qui croît avec l'obliquité des rayons lumineux.

Rien ne se faisant de rien, il ne peut être sans intérêt de comparer la composition ultime des êtres organiques ou vivants, avec celle des autres êtres qui se trouvent en rapport avec eux. Cette comparaison mettra en évidence des faits qu'il serait trop long de démontrer d'une autre manière.

Dans ce tableau seront comprises la chaleur et la lumière, qui apparaissent dans la combustion des matières organiques. On n'y verra pas figurer l'électricité, parce que le rôle qu'elle joue dans la combustion n'est pas aussi évident que celui de la chaleur et de la lumière; mais ce qui lui appartient sera l'objet d'une discussion spéciale.

## COMPOSITION ULTIME COMPARÉE

*des êtres organiques, des émanations solaires, de l'atmosphère, de l'eau et du sol terrestre.*

| ÊTRES ORGANIQUES. | | ÉMANATIONS SOLAIRES. | ATMOSPHÈRE. | EAU. | SOL. | |
|---|---|---|---|---|---|---|
| Lumière................. | | Lumière..... | | | | |
| Chaleur ................ | | Chaleur...... | | | | |
| | | | | | | |
| Azote.................... | | ............ | Azote............. | | | |
| Carbone................. | | ............ | Acide carbonique... | | | |
| Oxygène................. | | ............ | Oxygène........... | Oxygène...... | | |
| Hydrogène .............. | | ............ | ............ | Hydrogène.... | | |
| | | | | | | |
| Acide silicique.......... | | ............ | ............ | ............ | Acide silicique............ | |
| Silicates. | Calciques.... | ............ | ............ | ............ | Silicates. | Calciques.... |
| Phosphates. | Magnésiques.. | ............ | ............ | ............ | Phosphates. | Magnésiques.. |
| Sulfates. | Ferriques.... | ............ | ............ | ............ | Sulfates. | Ferriques.... |
| Carbonates. | Manganiques. | ............ | ............ | ............ | Carbonates. | Manganiques. |
| Chlorures. | Potassiques.. | ............ | ............ | ............ | Chlorures. | Potassiques.. |
| Fluorures. | Sodiques..... | ............ | ............ | ............ | Fluorures. | Sodiques..... |
| Iodures...... | | ............ | ............ | ............ | Iodures. | |

*Corollaires.*

La plus simple inspection du tableau précédent démontre que *la chaleur et la lumière qui apparaissent dans la combustion des matières organiques ont leur origine dans le soleil* [13];

Que *les éléments dits organiques ou combustibles de ces mêmes êtres, l'azote, le carbone, l'hydrogène et l'oxygène, sont puisés dans l'atmosphère et dans l'eau;*

Que *l'azote* et le *carbone* viennent exclusivement de l'atmosphère; *l'hydrogène* de l'eau, et que l'oxygène peut venir de l'une et de l'autre;

Et enfin, que *les matières incombustibles qui forment les cendres des végétaux et des animaux sont de véritables matières minérales puisées dans le sol.*

On peut encore conclure de ce qui précède, *que les végétaux sont produits par des matières ayant la forme anorganique;* car aucun être vivant ne peut être liquide comme l'eau, ou gazeux comme l'atmosphère; *et qu'ils sont les agents de la création de la matière organique à la surface du globe.*

Aux assertions qui précèdent on peut faire une objection : à l'époque où nous vivons, les éléments organiques des végétaux peuvent être puisés dans les éléments d'autres végétaux ou d'animaux qui les ont précédés.

Cela est en partie vrai : les végétaux et les animaux peuvent servir à l'accroissement des végétaux, et les engrais, qui sont en grande partie formés de débris organiques, et sans lesquels une agriculture permanente est impossible, en sont la preuve la plus évidente.

Mais cela ne veut point dire que les végétaux ne puissent puiser dans le sol et dans l'atmosphère une véritable nourriture; l'observation et l'expérience prouvent qu'il en est ainsi.

Si l'atmosphère ne pouvait intervenir dans la production des matières organiques, ces matières ne pourraient augmenter en un lieu donné; et il suffit de penser à l'existence d'une forêt, semée dans un sol qui en serait entièrement privé, pour demeurer convaincu que les éléments de l'atmosphère et de l'eau ne sont point étrangers à sa production.

Cela ressort encore avec évidence des détritus végétaux qui s'amoncèlent dans les forêts et qui finissent par y former un *sol végétal*.

L'accroissement des végétaux dans des pots, des vases ou des caisses, en est encore la preuve évidente : un arbre venu dans une caisse n'a pu y puiser toute la matière qui le forme; et si l'on est obligé de renouveler la terre qui l'environne, c'est parce que cette terre s'épuise de matière minérale. Il est vrai qu'elle s'épuise aussi de matière organique, qui ajoute beaucoup à l'effet produit par l'atmosphère, par sa décomposition putride dans le sol, décomposition qui est finalement une combustion opérée par l'oxygène de l'air qui pénètre dans ce sol, et qui brûle ces matières jusqu'au point de les mettre *dans le même état que celles tirées de l'atmosphère.*

### COMPOSITION IMMÉDIATE DES ÊTRES ORGANIQUES.

Les *produits* et les *principes immédiats* que l'on rencontre chez les êtres organiques sont fort nombreux; mais lorsqu'on se borne à l'étude de ceux qui entrent normalement dans la constitution de leurs organes, le nombre en est beaucoup plus restreint.

Les produits solides qui constituent les tissus des êtres organiques ne sont point susceptibles de cristalliser; *ils sont tous formés de particules sphéroïdales ou ellipsoïdales visibles au microscope.* Ces particules se réunissent pour former des granules, des vésicules, des fibres ou des tissus. Lorsqu'elles sont dissociées et tenues en suspension dans un liquide, elles le rendent visqueux ou lui donnent l'apparence d'une gelée. *Mises en présence de divers produits liquides, elles les absorbent ou leur cèdent celui qu'elles contiennent, et leur volume peut ainsi varier considérablement.*

La *gélatine animale,* la *pectine,* l'*amidon* et l'*empois,* qui est connu de tous, peuvent donner une juste idée du rôle que jouent les particules des tissus organiques [1].

L'étude de la composition ultime des *corps particulaires organiques,* conduit à des résultats fort remarquables; elle permet de les ranger en quatre groupes nettement définis, qui comprennent chacun plusieurs matières d'aspect souvent fort différent.

*Le premier groupe* comprend des corps formés de *carbone, d'hydrogène* et *d'oxygène,* dans lesquels ces deux derniers corps sont dans les mêmes proportions que pour constituer l'eau.

La composition de presque tous ces corps est représentée de la manière la plus simple par $C\ H\ O$, excepté le sucre de canne, dont l'expression la plus simple est $C_{12}\ H_{11}\ O_{11}$.

Ces corps, chauffés jusqu'à un certain point, perdent plus ou moins d'eau, et peuvent alors être tous représentés par $C_{12}\ H_{10}\ O_{10}$ [15].

Ils comprennent la matière ligneuse pure ou *cellulose*, les *fécules*, l'*inuline*, les *gommes*, les *mucilages*, qui sont particulaires, et même les *sucres* et la *lactine*, qui sont cristallisables, et qui, par cela même, ne sont point aptes à entrer immédiatement dans la constitution des organes des êtres vivants.

La matière qui forme la gelée des plantes, *pectose* ou *pectine*, se rattache à ce premier groupe, quoique sa composition paraisse s'en éloigner; elle contiendrait plus d'oxygène qu'il n'en faudrait pour transformer l'hydrogène en eau [16].

Les produits de ce premier groupe n'ont encore été rencontrés que chez les végétaux proprement dits [17]: je les nomme *phytés*.

*Dans le deuxième groupe* viennent se ranger des matières formées des mêmes éléments, mais dans lesquelles l'hydrogène est en excès relativement à l'oxygène.

Ces matières sont les *corps gras*, fluides, mous ou solides.

Ces corps peuvent en général, mais non sans exception, donner naissance à un *acide* ou sel dans lequel l'eau remplit les fonctions d'une base, qui est formé d'équivalents de carbone et d'hydrogène en nombre égal, et qui ne contiennent que quatre équivalents d'oxygène. Dans ce cas, leur formule générale est $C_n$ $H_n$ $O_4$.

Ces acides forment une série considérable qui commence par l'acide formique $C_2$ $H_2$ $O_4$, et l'acide acétique $C_4$ $H_4$ $O_4$, qui ne sont point des acides gras, et dont la condensation peut s'élever jusqu'à $C_{64}$ $H_{64}$ et même jusqu'à $C_{96}$ $H_{96}$ dans la cérosie, selon quelques chimistes [18].

Les corps gras se rencontrent chez les végétaux et chez les animaux. A proprement parler, ils ne font pas partie de leurs organes; mais ils y forment des dépôts plus ou moins considérables et distribués selon certaines lois de l'organisation. Cependant, ils font partie intégrante de la *matière cérébrale* chez les animaux qui ont un système nerveux distinct, et j'en ai trouvé, par l'analyse chimique, chez les méduses, qui paraissent homogènes. Chez les végétaux, ils existent principalement dans la graine. Le fruit de l'olivier fait une exception; c'est dans sa pulpe qu'on rencontre une huile qui appartient à ce groupe. On peut citer le *bois chandelle* des Indes-Orientales, qui renferme, dit-on, une matière grasse analogue au suif; et l'on trouve au Brésil une espèce de palmier, le *carnauba,* qui est recouvert de petites écailles nacrées d'une matière qui, par ses propriétés, vient se ranger parmi les cires. Le *Ceroxylon andicola* serait un autre palmier qui fournirait encore de la cire.

*Les produits appartenant au troisième groupe* contiennent, comme ceux des deux groupes précédents, du carbone, de l'hydrogène et de l'oxygène; mais on y trouve en outre de l'azote.

Ces produits peuvent être liquides ou solides; mais dans tous les cas ils ont la structure particulaire indiquée précédemment [19]. Ils comprennent les matières que l'on connaît sous les noms d'*albuminoïdes* ou de *protéiques;* l'albumine des œufs, du sang et des liqueurs séreuses des animaux; la caséïne du lait, l'émulsine, et plusieurs autres produits d'apparence liquide qui ne sont que des modifications les uns des autres, tels que la *diastase* de l'orge germé, puis des produits mous ou solides, tels que le gluten du blé et la fibrine animale [20].

Je ne pense pas que les matières albuminoïdes ayant une composition invariable; leurs éléments particuliers, qui sont spongieux, leur permettent d'absorber ou de perdre diverses matières qui en font varier la composition en même temps qu'elles peuvent aussi éprouver, dans leur intérieur, une espèce de combustion par la présence de l'oxygène, qui agit aussi dans le même sens. La comparaison de la composition de l'albumine telle qu'elle a été déterminée par un grand nombre de chimistes, et celle de la fibrine déterminée par MM. Dumas et Cahours, en donne une preuve évidente. Quoi qu'il en soit, la composition pondérale des albuminoïdes est sensiblement représentée par

| | |
|---|---|
| Carbone. . . . . . . | 0,55 |
| Hydrogène. . . . | 0,07 |
| Oxygène. . . . . . | 0,22 |
| Azote. . . . . . . . | 0,16 |
| | 1,00 |

Cette composition, transformée en équivalents chimiques, devient $C_{48} H_{36} O_{14} A_6$.

*Dans le quatrième groupe* viennent se ranger des matières azotées que l'on n'a jusqu'à ce jour rencontrées que chez les animaux; elles se divisent en deux sous-groupes. Au premier appartiennent l'*histose*, qui forme le tissu cellulaire des animaux supérieurs; la *chondrose*, qui entre principalement dans les cartilages des fausses côtes. Ces deux matières donnent une espèce de gelée par l'action de l'eau bouillante. Au deuxième sous-groupe appartiennent les parties qui revêtent le corps des animaux à l'extérieur ou qui l'enduisent à l'intérieur, telles que l'épiderme, les poils de toutes sortes, les écailles, la corne, les ongles, les plumes, le mucus sécrété par les membranes muqueuses. Les matières de ce sous-groupe renferment généralement du soufre.

J'ai donné à ces produits le nom de *zoonés*, qui rappelle leur origine exclusivement animale.

Leur composition ultime est résumée dans le tableau suivant :

COMPOSITION ULTIME DES PRODUITS ORGANIQUES ZOONÉS.

| | Histose. | Chondrose. | Épiderme. | Cheveux. | Corne de vache. | Corne de buffle. | Ongles. | Barbes de plume. | Tuyau de plume. | Mucus. |
|---|---|---|---|---|---|---|---|---|---|---|
| | (1) | (2) | (3) | (4) | (5) | (6) | (7) | (8) | (9) | (10) |
| Carbone............ | 0,5005 | 0,5061 | 0,5034 | 0,4977 | 0,5080 | 0,5140 | 0,5109 | 0,5247 | 0,5243 | 0,5241 |
| Hydrogène......... | 0,0668 | 0,0658 | 0,0681 | 0,0637 | 0,0677 | 0,0677 | 0,0682 | 0,0711 | 0,0721 | 0,0697 |
| Azote............. | 0,1835 | 0,1444 | 0,1722 | 0,1714 | 0,1630 | 0,1728 | 0,1690 | 0,1768 | 0,1789 | 0,1282 |
| Oxygène seul....... | 0,2492 | 0,2837 | | | | | | | | |
| Oxygène et soufre... | | | 0,2563 | 0,2672 | 0,2613 | 0,2455 | 0,2519 | 0,2274 | 0,2247 | 0,2780 |

(1) Divers chimistes. — (2) Mulder. — (3, 6, 7, 8, 9, 10) Scheerer. — (4) Van Laer — (5) Titanus.

Les matières dont l'analyse est consignée dans le tableau précédent concordent d'une manière remarquable, malgré les différences physiques et chimiques qu'elles présentent souvent. La *chondrose* et le *mucus* ont des compositions qui s'éloignent notablement de celles des autres matières.

La composition de l'histote peut être sensiblement représentée par $C_{38}\ H_{30}\ A_6\ O_{14}$.

Les matières épidermoïdes ne peuvent être formulées d'une manière aussi nette, parce qu'elles contiennent du soufre.

*Résumé.*

Des quatre groupes des principes constituants des êtres *organiques* ou *biotiques,* les deux premiers comprennent des produits qui ne contiennent pas d'azote ; les deux derniers rassemblent des produits qui en renferment.

Les produits du premier groupe ne se rencontrent que chez les végétaux ; ceux du dernier groupe ne se trouvent que chez les animaux. Les produits du deuxième et du troisième groupe existent chez les végétaux et chez les animaux ; d'où il résulte que les trois premiers groupes appartiennent à la nature végétale, et les trois derniers à la nature animale. Cette distribution des produits organiques est indiquée dans le tableau suivant :

Végétaux.. { Phytés.
{ Corps gras.
{ Albuminoïdes. } Animaux.
Zoonés. }

FORMATION MÉCANIQUE DES PRODUITS ORGANIQUES.

Le corollaire relatif à la composition ultime des êtres vivants a démontré que la matière combustible était tirée de l'atmosphère et de l'eau ; qu'elle dérivait, par conséquent, de l'état *gazeux* et de l'état *liquide*.

Il fallait effectivement que ces matières fussent d'abord à l'état de fluide pour pouvoir circuler dans les vaisseaux ou pénétrer dans les cellules et y opérer les modifications et donner naissance aux phénomènes qui président à leur accroissement et à leur nutrition.

La transformation des liquides en particules sphériques est une action purement mécanique que l'on peut opérer en dehors des êtres organiques : il suffit de laisser tomber d'une certaine hauteur un peu de mercure sur un plan horizontal pour qu'il s'y divise en petits globules. Si l'on agite ensemble deux liquides immiscibles, l'un d'eux au moins prend aussi la forme de particules sphéroïdales.

La matière possède donc des propriétés qui font que, lorsque les liquides sont en très-petites masses, ils résistent à l'action de la pesanteur et prennent une forme globulaire.

Les corps célestes abandonnés à eux-mêmes dans l'espace et réduits à leurs propres forces, ont pris aussi la même forme ; aussi, tout donne lieu de penser que, pour ces corps, l'état liquide a précédé l'état solide.

Lorsque les particules sont formées, elles jouissent de la propriété d'absorber, soit des fluides élastiques, soit des liquides qui peuvent tenir des matières solides en dissolution ; et leur volume, ainsi que leur composition chimique, peut s'en trouver altéré en même temps qu'il se passe en elles des phénomènes dus à la réaction des matières qui y ont pénétré, et à leur propre substance.

Ces particules, par une simple modification survenue à leur périphérie, peuvent se revêtir d'une enveloppe et devenir ainsi des *cellules*. Ces cellules absorbent des fluides, peuvent donner naissance à leur intérieur à de nouvelles particules qui peuvent devenir des cellules à leur tour, et ainsi de suite. Une seule cellule placée dans des conditions convenables pourrait ainsi se reproduire à l'infini.

Les sucres, qui sont solubles dans l'eau et cristallisables, représentent peut-être un des premiers degrés de la formation organique. Au contact de la matière albuminoïde, ils pourraient devenir insolubles sans changer de composition et prendre la forme particulaire ; ils donneraient ainsi naissance, par une suite de condensations et en s'unissant aux diverses matières minérales, aux matières gommeuses, aux fécules, à la matière ligneuse [21].

On rencontre du sucre dans la sève de végétaux de structures très-différentes, tels que la canne à sucre, la betterave, l'érable... Dans la sève du pin et de quelques autres arbres je n'ai point trouvé de sucre fermentescible, mais une matière qui précipite à chaud par le réactif de Fromherz, et qui est par conséquent analogue à la lactine [22].

### PRODUCTION CHIMIQUE DE LA MATIÈRE ORGANIQUE DANS LES VÉGÉTAUX.

Excepté l'azote, qui est libre de toute combinaison dans l'atmosphère, les éléments qui concourent à la formation de la matière organique des végétaux étant saturés d'oxygène, comme le carbone et l'hydrogène, qui sont puisés dans l'acide carbonique et dans l'eau, il en résulte que chez les végétaux la nutrition ne peut se faire que par une réduction, et qu'il doit intervenir un produit qui enlève l'oxygène ou que ce fluide doit se dégager à l'état de liberté.

Ce dernier fait a été observé par Priestley, qui l'a publié en 1779. Depuis, il a été confirmé par un grand nombre d'observateurs; mais chose bizarre qui arrive cependant quelquefois dans les sciences, Priestley avait remarqué que ce phénomène était produit par une matière verte qui se dépose quelquefois dans l'eau, et un examen ultérieur a démontré au physicien hollandais Ingenhousz, que cette matière verte était formée de particules mobiles et appartenait par conséquent au règne animal [23]. Toutefois, ces êtres sont tellement inférieurs dans l'échelle organique, que, réduits à un amas produit par la réunion de quelques cellules, ils appartiennent tout autant au règne végétal qu'au règne animal. Et enfin l'on a vérifié que la matière verte des plantes jouissait de la même propriété, c'est-à-dire qu'elle émettait de l'oxygène sous l'influence de la lumière solaire, et qu'elle exhalait de l'acide carbonique dans l'obscurité. Ce phénomène n'est cependant point dû à la couleur même des plantes; car, indépendamment de ce qu'il existe des verts fort différents, il y a des plantes rouges, telles que le *dracæna draco*, le *chou rouge*, la *betterave rouge* et le *rumex sanguineus*, un *ilex*, un *corylus*, etc., qui s'accroissent et se nourrissent sans être pourvues de matière verte.

Jusqu'à ce jour, on ignore comment se fait cette réduction; mais il est peu probable qu'elle se fasse *immédiatement* et sans réactions intermédiaires. Par exemple, quoique la matière ligneuse desséchée jusqu'à un certain point puisse être représentée par $C_{12} H_{10} O_{10}$, il est douteux qu'elle soit produite par 10 équivalents d'eau réunis, sans réaction intermédiaire, à 12 équivalents de carbone provenant de 12 équivalents d'acide carbonique qui perdraient 24 équivalents d'oxygène.

$$12\,C\,O_2 + 10\,H\,O = C_{12}\,H_{10}\,O_{10} + 24\,O.$$

Une étude approfondie de la matière verte ou rouge des plantes pourrait éclairer cette intéressante question. On sait que cette matière contient des produits gras de consistance variable, et ces produits ne sont peut-être point étrangers à la réaction.

Il est remarquable d'ailleurs que toutes les graines, tous les ovules et les œufs complets, renferment une matière grasse, libre, en particules isolées que l'on peut quelquefois compter, au moins les ai-je observées dans tous les œufs que j'ai pu examiner.

Cette matière grasse qui se trouve déposée à côté des germes organiques pour présider aux premières réactions qui caractérisent la vie, est sans doute indispensable pendant toute la durée des êtres vivants; car ceux-ci, ainsi que je l'ai établi dans un Mémoire *sur la constitution la plus intime des animaux,* renferment en eux l'être primitif à toutes les époques de leur existence; et toutes les enveloppes qui le revêtent, tous les organes qui s'y ajoutent, ne représentent que des agents qui lui sont indispensables pour vivre dans les conditions où il se trouve et pour remplir des fonctions spéciales, organes dont les variétés d'arrangement et de forme pourraient s'étendre jusqu'à l'infini.

Il est probable qu'il existe dans les végétaux une matière qui sert d'intermédiaire pour opérer la réduction de l'acide carbonique et de l'eau. Cette matière se transformerait incessamment en produits phytés et se régénèrerait elle-même, et sa quantité irait même en augmentant, ainsi que cela est voulu par l'accroissement des végétaux et pour qu'elle puisse se répartir dans toutes leurs parties créatrices de matière organique.

La matière dont il est ici question fonctionnerait, mais en sens inverse, puisqu'elle est réduisante au lieu d'être oxydante, comme le bi-oxyde d'azote dans la fabrication de l'acide sulfurique. Produit qui prend l'oxygène à l'air pour le céder à l'acide sulfureux, et se régénère sans cesse par l'influence de l'eau, avec cette différence que sa quantité n'augmente pas.

Les produits phytés et les corps gras pourraient

prendre naissance ainsi qu'il vient d'être dit; mais les matières albuminoïdes exigent l'intervention de l'azote.

Ici vient prendre place une question qui a beaucoup préoccupé les physiologistes et les agronomes depuis quelques années : est-ce l'azote libre pris directement dans l'air, ou bien est-ce de l'azote combiné qui peut entrer dans la composition des produits albuminoïdes des végétaux?

Le tableau comparatif de la composition ultime des êtres organiques et des milieux ambiants résout cette question. En effet, il démontre d'une manière irrévocable que cet azote a été puisé dans l'atmosphère.

On peut même ajouter que les principaux produits azotés connus n'ont pas d'autre origine, et que les azotates naturels sont même dans ce cas.

Cette première solution de la question ne suffit pas; car il est éminemment probable que l'azote libre ne pénètre point, ou qu'il ne le fait qu'en quantité très-minime, dans les végétaux.

Si l'on songe à ce qui se passe en agriculture : qu'un sol simplement écobué qui condense l'azote et le fait passer à l'état d'ammoniaque; que les engrais qui se putréfient donnent le même produit; que quelquefois même cette action est dépassée et qu'il se forme des azotates, on sera évidemment porté à penser que c'est à l'état de combinaison que l'azote pénètre dans les végétaux; que cet état de combinaison est représenté par l'ammoniaque qui doit être unie avec des acides et au moins avec le carbonique.

Il est vrai que des azotates peuvent favoriser la végétation, et qu'ils pénètrent dans les plantes où on les retrouve. La bourrache sèche et les tiges du grand soleil ( *Hélianthus ammus* L. ), *fusent* lorsqu'on les brûle. J'ai vu de l'azote d'ammoniaque en quantité telle dans le suc de la laitue, qu'il pouvait y cristalliser par une simple évaporation.

Un fait du même ordre a été observé sur des betteraves que l'on avait semées dans les fossés d'une ville du nord de la France : au lieu de donner du sucre, elles ont donné de l'azotate de potasse; mais cela ne veut point dire que c'est toujours et inévitablement à l'état d'azotate que l'azote pénètre dans les plantes.

Il s'en faut de beaucoup, parce que la matière albuminoïde, que l'azote est principalement appelé à former, est loin de contenir ce corps et l'oxygène dans les proportions où ils se trouvent dans les azotates.

L'azotate de potasse n'a pu produire de plus grands effets que les produits ammoniacaux dans la culture de certaines plantes, que parce qu'il apportait en même temps et l'azote et un alcali puissant, que ces derniers ne renfermaient point.

Ces observations démontrent que les plantes ont plus de travail à accomplir pour utiliser les azotates que pour employer les produits ammoniacaux, puisque finalement il faut qu'elles les réduisent.

En résumé, l'azote primitif des plantes a dû être tiré de l'atmosphère, et celui des engrais, quels qu'ils soient, n'a pas d'autre origine.

L'azote de l'atmosphère s'unit finalement à l'hydrogène avant de concourir à la formation de la matière albuminoïde des plantes. Les matières azotées des engrais éprouvent des dédoublements jusqu'à ce qu'elles soient arrivées au même terme de composition, et les azotates doivent inévitablement se *réduire* pour fournir de l'azote assimilable.

Le résultat final de toutes ces réactions est l'ammonium, qui est l'origine de tous les produits azotés du règne organique [24].

Quoique aucune observation directe n'ait fait connaître jusqu'à ce jour le mode de formation de la matière albuminoïde dans les végétaux, il est probable qu'elle est produite par le concours d'une matière phytosique et de l'ammoniaque.

En effet, la matière phytosique $C\,H\,O$ correspond à une des modifications de l'acide lactique $C_8\,H_8\,O_8$, dans lequel elle se transforme très-facilement, et qui peut donner du lactate d'ammoniaque. Ce lactate $C_8\,H_7\,\overline{A\,H_4}\,O_8$, moins 5 équivalents d'eau, donne $C_8\,H_6\,A\,O_3$, dont la composition est très-voisine de celle de la matière albuminoïde, à cela près toutefois qu'il s'y trouve plus d'oxigène, car il n'en faudrait au plus que 2 équivalents $^1/_2$.

### EFFETS DE LA RADIATION SOLAIRE DANS LA PRODUCTION DE LA MATIÈRE ORGANIQUE.

L'influence du soleil est indispensable pour que les phénomènes fondamentaux de la *végétation* s'accomplissent.

Par *végétation,* il faut entendre ici l'accroissement

des végétaux dû à la production de la matière organique.

Tous les végétaux qui croissent à l'abri de la lumière sont étiolés, et loin de produire de la matière organique, ils en consomment à la manière des animaux.

La germination, le développement des bourgeons des racines charnues, des bulbes et des tubercules, et la production des champignons, sont dans le cas qui vient d'être signalé.

Pour que la germination s'accomplisse, il faut le concours d'une graine fécondée, de l'humidité, de l'oxygène de l'air, et d'une température qui varie avec l'espèce de plante dont la graine provient. Le concours de la lumière est plus nuisible qu'utile; aussi, les premières phases de ce phénomène s'accomplissent-elles à une certaine profondeur dans le sol.

Des expériences faites avec soin ont démontré que les graines diminuaient de poids pendant la germination. En effet, de l'acide carbonique se dégage pendant que cet acte s'accomplit, et il en résulte une perte de matière. L'embryon se développe donc aux dépens de produits organiques formés d'avance, que la nature a déposés auprès de lui dans les cotylédons ou l'endosperme qui fait partie de la graine, pour l'alimenter à l'origine de son développement.

Quelques graines très-petites, comme celles des orchidées, celles de quelques solanées, telles que le tabac, sont à peu près dépourvues de matière alimentaire pour l'embryon qu'elles renferment, et elles ne peuvent bien germer que par le concours d'un élément puisé en dehors d'elles.

Les *sporules* des plantes agames sont des espèces d'embryons rudimentaires, quelquefois réduits à de simples cellules qui sont complétement privées de ce dépôt de matière nutritive, et ne peuvent se développer que sur des plantes ou dans des lieux où elles trouvent de la matière organique toute formée pour suppléer à l'aliment qu'elles n'ont pas [15].

Les racines charnues, telles que celles de la betterave, des dahlias, les bulbes, les tubercules, se flétrissent lorsqu'ils entrent en végétation, et indiquent ainsi qu'ils perdent une certaine quantité de matière.

Les plantes proprement dites, dans les conditions normales de leur développement, se conduisent d'une tout autre manière : sous l'influence de la chaleur et de la lumière, elles s'accroissent en poids en décomposant l'acide carbonique et l'eau, pour en retenir le carbone et l'hydrogène et en exhaler l'oxygène.

Il faut donc conclure de ces faits que la chaleur et la lumière sont indispensables aux végétaux pour la production de la matière organique.

D'une autre part, si l'on brûle des végétaux, en d'autres termes, si on réunit au carbone et à l'hydrogène l'oxygène qui en avait été séparé dans l'acte de la végétation, de la chaleur et de la lumière apparaissent.

Quel est le rôle de la chaleur et de la lumière dans la végétation ? Comment reparaissent-elles pendant la combustion ?

Quelle que soit la nature de la chaleur et de la lumière, qu'elles soient des fluides spéciaux, qu'elles soient représentées par de simples vibrations du fluide éthéré, comme l'admettent aujourd'hui la plupart des physiciens, ou qu'elles soient dues au mouvement même des particules matérielles; qu'elles soient, si l'on veut, des agents *non définis*, elles existent!... Matière, mouvement ou phénomènes incompris, elles ne peuvent être tirées du néant, ni retourner au néant dans l'ordre naturel des lois qui régissent l'univers.

Puisque la chaleur et la lumière disparaissent pendant la végétation, ou quand le carbone et l'hydrogène se réduisent avec dégagement d'oxygène, et qu'elles reparaissent pendant la combustion ou lorsque ces corps se combinent ensemble, l'opinion la plus simple sera sans doute d'admettre que les végétaux et l'oxygène retiennent cette chaleur et cette lumière, et qu'ils la perdent lorsqu'ils s'unissent ensemble.

La chaleur et la lumière contenues dans les végétaux et dans l'oxygène n'exerçant aucune action qui les rende appréciables, prennent le nom de *chaleur* et de *lumière latentes* (cachées).

On pourrait se demander : la chaleur et la lumière sont-elles latentes dans le végétal et dans l'oxygène qui a été abandonné par les produits qui ont servi à former le végétal, ou bien sont-elles uniquement dans le végétal ou dans l'oxygène?

L'expérience acquise jusqu'à ce jour ne permet pas de résoudre cette question; cependant elle mériterait d'être discutée, et je le ferai dans d'autres circonstances. Il importe maintenant de s'occuper de savoir si les végétaux et l'oxygène renferment de l'électricité dynamique à l'état latent, et d'abord si le soleil émet de l'électricité.

La chaleur et la lumière produites par le soleil sont évidentes pour tous ceux qui ne sont privés ni de la sensibilité générale, ni du sens de la vue ; mais la nature ne nous a donné aucun organe qui nous permette d'apprécier s'il émane de l'électricité de cet astre. Reste à savoir maintenant si on l'a appris par des observations ou des expériences spéciales.

On connaît les relations intimes qui unissent l'électricité dynamique et le magnétisme, la réaction mutuelle des courants et des aimants. On sait que l'on peut produire les aimants les plus puissants par des courants électriques, et que des aimants peuvent aussi produire des courants de cette nature. Cette relation est telle, que l'on peut considérer les actions magnétiques comme dérivant de la même source que l'électricité dynamique. Or, si le soleil exerce une action magnétique, il pourrait être logique d'admettre qu'il possède de l'électricité dynamique.

La variation diurne d'une aiguille aimantée déclinatoire, démontre que le soleil est magnétique ou que son action modifie le magnétisme terrestre.

Chaque jour le pôle nord de cette aiguille marche vers l'ouest jusqu'à une heure après midi dans l'hémisphère nord, ensuite il revient vers l'est.

Cette aiguille se comporte comme si le soleil lui présentait un pôle magnétique nord, ou comme s'il était parcouru par un courant électrique perpendiculaire à l'axe de ses pôles magnétiques, ayant sa droite du côté qui nous éclaire.

Cette action du soleil est excessivement faible, et il

doit en être ainsi; car, indépendamment de ce que le magnétisme est détruit chez les corps portés à une température élevée, la distance de la terre au soleil est si grande comparativement à la longueur de l'axe magnétique de cet astre, que ses pôles doivent en grande partie neutraliser leur action l'un par l'autre.

Quelque peu apparente que soit l'électricité solaire, elle ne l'est pas moins, et elle ne peut pas être sans influence sur les êtres vivants qui habitent le globe terrestre.

Le soleil ne donnât-il aucun signe sensible d'électricité ni de magnétisme, que cela ne voudrait point dire qu'il n'en communique pas aux êtres vivants qui habitent le globe terrestre; car indépendamment des causes qui peuvent empêcher d'en rendre la présence manifeste, on sait que l'électricité dynamique donne naissance à de la chaleur et à de la lumière, et l'on pourrait en conclure immédiatement, quand bien même une foule d'expériences ne l'auraient pas prouvé, que la chaleur et la lumière pourraient reproduire de l'électricité.

Cependant, ce n'est que dans des circonstances déterminées que la chaleur et la lumière peuvent se transformer ainsi. Il ne suffit point de chauffer un corps pour qu'il devienne électrique. Non; il faut qu'il soit hétérogène et que la chaleur s'y distribue inégalement; alors il s'en fait un partage qui prend le caractère de l'électricité.

Si les végétaux absorbent la chaleur et la lumière solaire, il ne faudra donc point être étonné s'ils la rendent sous forme d'électricité.

*Corollaire de la première partie.*

Les végétaux sont formés de matières minérales empruntées au sol ; de matière organique proprement dite, tirée de l'eau et de l'atmosphère, et de chaleur, de lumière et d'électricité, puisées dans le soleil.

## DEUXIÈME PARTIE.

### DYNAMIQUE.

La première partie de ce travail a été consacrée à l'étude des êtres vivants en général considérés dans l'état statique ; celle-ci le sera spécialement à l'étude des animaux considérés dans l'état dynamique.

Nous devrons examiner successivement le rôle des divers aliments qui servent à l'édification et à l'entretien de l'animal, étudier les transformations qu'ils éprouvent, et surtout voir quelle peut être l'origine des forces qui se développent en lui.

L'animal est généralement libre, mobile et immergé dans un fluide ; s'il adhère au sol, il n'en tire directement aucune nourriture comme le font les végétaux : il y trouve seulement un point d'appui.

Des expériences spéciales et l'observation journalière ont démontré que l'animal, depuis les premiers moments de son évolution ou de son développement, c'est-à-dire pris dans l'œuf aux premiers instants de sa vie, jusqu'à sa mort, exige des aliments solides, liquides, et de l'air. Il importe donc d'étudier les fonctions de ces éléments essentiels à la vie de ces êtres.

## NUTRITION DES ANIMAUX.

Les animaux exerçant une action destructive sur leurs aliments se comportent exactement en sens inverse des végétaux, qui, partant des produits anorganiques et même gazeux et liquides, édifient les produits qui les constituent.

L'étude de la composition des végétaux, pour suivre la marche de la nature, devrait être faite en partant des produits ultimes pour arriver aux produits organiques; celle des animaux, et par les mêmes raisons, devra être faite en sens inverse. Il conviendra donc d'abord d'étudier le rôle ou la formation des produits immédiats dans la nutrition des animaux, puis celui des produits ultimes, acide carbonique, eau, ammoniaque, matières minérales, qui sont ceux qui servent à former les végétaux [26].

## RÔLE DES PRODUITS IMMÉDIATS
### DANS LA NUTRITION DES ANIMAUX.

Les végétaux offrent essentiellement à l'animal phytophage : 1° des produits phytés; 2° des corps gras; 3° de la matière albuminoïde; 4° des matières minérales.

L'animal carnivore trouve en outre de l'histose dans sa nourriture. L'un et l'autre reçoivent, en dehors de ces produits, de l'eau et de l'air.

Toutes les parties des aliments ne sont point propres à la nutrition, et celles qui ne peuvent servir, ainsi que celles qui ont servi, sont rejetées au dehors de l'animal.

Au plus bas degré de l'échelle animale, les êtres ne sont que des masses plus ou moins homogènes qui sont plongées dans l'eau ; elles y trouvent tous les produits qui conviennent à leur évolution et les reçoivent par imbibition. Bientôt ces êtres ont une cavité stomacale qui est le premier rudiment de l'intestin, comme chez les polypes. Cette cavité n'a quelquefois qu'une seule ouverture pour l'entrée des aliments et la sortie des excréments, comme chez les oursins. Bientôt il y a deux ouvertures : une bouche destinée à recevoir les aliments et un anus pour la sortie des excréments ; c'est alors un intestin. Cet intestin a des formes très-variées, toujours en rapport avec les aliments solides pris par les animaux, et il représente, pour eux, les *racines* des plantes. C'est par lui qu'ils se trouvent en rapport avec les produits du sol.

Chez les animaux aériens, l'eau est en général reçue par l'intestin, comme les aliments solides.

La fonction de l'air dans l'entretien de la vie animale est probablement la même à tous les degrés de l'organisation ; mais avec cette différence que les animaux aériens le reçoivent directement par un organe nommé *poumon,* comme chez les vertébrés aériens, ou nommé *trachée,* comme chez les insectes. Les animaux aquatiques, et principalement les vertébrés ( excepté les cétacés, qui ont des poumons ), le reçoivent en dissolution dans l'eau principalement par des branchies ou vaisseaux pliés en anses, qui sont veineux à une extrémité et artériels à l'autre extrémité, en allant dans le sens de la circulation.

Il y a en outre des vaisseaux dans lesquels circulent du sang, de la lymphe ou du chyle.

Il y a des glandes qui sont généralement des organes dépurateurs, comme les reins, et qui sont quelquefois appelés à produire des matériaux utiles à la nutrition, comme les glandes salivaires et le pancréas.

Il y a de plus une base solide pour attacher les organes, des agents du mouvement, et des moyens de reproduction.

Enfin, il y a un appareil merveilleux qui établit la relation de tous les organes d'un même être, qui le met en rapport avec les agents extérieurs, qui est le régulateur des mouvements volontaires, le siége de la pensée et de l'intelligence : c'est le système nerveux.

Voilà, en peu de mots, ce qu'est l'animal supérieur. A mesure que l'on descend l'échelle organique, tous ces appareils s'amoindrissent et disparaissent, de telle sorte qu'enfin l'animal est réduit à un amas de globules ou de cellules, comme chez les monades.

Ces êtres si simples exercent cependant des mouvements; ils possèdent certains sens, puisqu'ils évitent les obstacles, et de plus, ils se nourrissent.

La vie étant réduite à sa plus simple expression chez ces êtres, leur étude offre une immense importance. Par exemple, si l'on savait comment la nutrition s'opère chez eux, il est évident que l'on aurait les notions fondamentales et essentielles de cet acte; car tous les organes des êtres supérieurs, si variables qu'ils soient en apparence, n'ont pour but que de mettre en rapport l'être primitif ou fondamental avec les agents extérieurs, ou de lui donner des instruments plus ou moins développés, plus ou moins parfaits, ainsi que je l'ai établi dans un Mémoire sur la *constitution la plus intime des animaux*, publié dans les *Actes de l'Académie de Bordeaux* et dans la *Revue scientifique* du Dr Quesneville [27].

On comprendra facilement que les phénomènes qui se rattachent à ces ordres de faits sont si difficiles à observer et que la physiologie générale est si récente, que l'on n'en a que des notions fort imparfaites, et qu'il faudra encore bien du temps avant qu'on les connaisse d'une manière suffisante.

On peut se demander, par exemple, si tous les tissus naissent par des cellules produites les unes dans les autres, ou s'il n'en est point quelques-uns qui se forment par la simple juxtaposition de particules organiques.

La théorie de la formation des cellules a peut-être été présentée d'une manière trop exclusive par ses inventeurs, et il serait possible que des matières insolubles, réduites à l'état de particules, fussent assimilées directement.

Certains produits pourraient se dissoudre et repasser ensuite à l'état solide, comme la matière albuminoïde; d'autres pourraient ne point le faire, comme les corps gras.

J'ai passé un temps considérable à examiner des infusoires au microscope, pour voir si je ne saisirais pas leur mode de formation. Je puis d'abord affirmer un fait fort difficile à observer, mais qui n'est pas moins vrai : c'est que les plus simples sont entièrement formés de globules ou de cellules. Ceux de la ligne médiane sont plus apparents que les autres, et les plus habiles observateurs les ont pris, les uns pour des œufs, les autres pour des estomacs.

Je crois pouvoir d'ailleurs conclure de mes observations, que les infusoires éprouvent des métamorphoses ou des changements de forme, et que l'on réunit en outre à ces animaux des êtres d'un ordre supérieur et généralement aériens, à leurs premiers degrés de développement [28].

En 1834, j'ai vu souvent à Compiègne ( département de l'Oise ), dans l'infusion du pain, des infusoires homogènes, incolores, ayant la forme d'un rein ou plutôt d'une *palme* de châle. Ces infusoires nageaient facilement, et de temps en temps, par une contraction rapide, réunissaient les deux extrémités de la palme. Par une observation plus attentive, j'ai reconnu qu'ils exécutaient ce mouvement lorsque des globules flottants, et qui semblaient attirés par une espèce de courant, venaient rencontrer l'échancrure de la palme. Or, l'animal semblait prendre ces globules pour se les assimiler... Le lendemain, tous ces infusoires avaient changé de forme, et se trouvaient transformés en masses toujours homogènes et incolores, mais elliptiques ; l'échancrure de la palme avait disparu. Le jour suivant, ces infusoires étaient toujours réduits en êtres beaucoup plus petits.

Or, on peut se demander si les infusoires **réniformes**

ne s'assimileraient point des globules tout formés, jusqu'à ce que ces globules remplissant leur échancrure, celle-ci pût disparaître.

Pour compléter les observations faites sur les infusoires, il eût été de la plus haute importance d'étudier la composition chimique des êtres les plus inférieurs de l'échelle animale, pour voir s'ils contiennent les principaux éléments organiques que l'on rencontre chez les animaux supérieurs, tels que de la matière albuminoïde, du tissu épidermoïde et des corps gras.

En comparant la composition de ces êtres inférieurs avec celle des animaux supérieurs, il eût été possible d'en déduire non-seulement les fonctions des éléments organiques, mais de voir ceux qui étaient le plus indispensables à la vie animale.

En 1852, j'ai entrepris l'analyse d'une méduse de l'océan, recueillie sur les côtes du Morbihan, près l'embouchure de la Vilaine [20]. En 1855, j'ai recommencé ce travail sur d'autres espèces provenant du bassin d'Arcachon ( Gironde ).

Par la simple dessiccation, ces animaux laissent un résidu dont le poids varie entre 0,0286 et 0,0473, qui est formé de sel marin cristallisé, d'une matière grasse qui se sépare à une température d'environ 120 degrés, et d'une matière animale azotée.

Les êtres les plus inférieurs, qui paraissent homogènes, contiennent donc de la matière grasse, matière qui accompagne constamment l'animal, depuis l'œuf jusqu'à la mort. Cette matière grasse doit jouer un rôle indispensable à la vie, puisqu'elle se retrouve toujours et partout.

## FONCTION DE L'EAU DANS LA NUTRITION DE L'ANIMAL.

L'eau existe sur le globe, non-seulement à l'état de liberté, mais unie aux principaux aliments ; il en résulte que tous les animaux en reçoivent, même ceux qui paraissent ne point en prendre. Elle est indispensable à la formation et à l'existence des tissus animaux ; elle donne aux aliments la fluidité nécessaire pour qu'ils puissent être transportés partout où ils doivent fonctionner, et pour qu'ils puissent, à l'état de dissolution, pénétrer jusque dans l'intérieur des particules qui forment les tissus. Elle leur donne la mollesse et l'élasticité, sans lesquelles ils ne pourraient remplir les fonctions qui leur sont dévolues par la nature. Elle peut enfin former des combinaisons plus intimes, et par ses éléments concourir à la formation des produits organiques.

Il suffit de dire que, sans eau, la vie animale serait impossible. Son rôle sera d'ailleurs étudié successivement et d'une manière plus développée à mesure qu'il en sera besoin.

## FONCTION DE L'AIR DANS LA NUTRITION DES ANIMAUX.

On sait que l'air est indispensable à l'existence des animaux, puisqu'ils périssent inévitablement lorsqu'ils en sont privés pendant quelques instants.

Chez l'animal supérieur, il pénètre dans le poumon par l'*inspiration*, et il en sort par l'*expiration*.

La quantité d'air exhalé par le poumon est plus faible que celle qui y est introduite.

Lorsqu'il sort de l'animal, sa composition est altérée. En y entrant, il contient environ :

$$
\begin{array}{ll}
\text{Oxygène} & 0,2080 \\
\text{Azote} & 0,7915 \\
\text{Acide carbonique} & 0,0005
\end{array}
$$

Lorsqu'il en sort, il renferme moins d'oxygène et contient jusqu'à 4 centièmes d'acide carbonique.

On sait d'ailleurs que l'oxygène, en se transformant en acide carbonique, ne change pas de volume. Si l'on fait la somme des volumes de l'acide carbonique et de l'oxygène restant dans l'air expiré, on trouve qu'elle est moindre que 0,208, ou que le volume de l'oxygène employé.

Cela pourrait provenir de deux causes : ou de ce que de l'oxygène est absorbé et retenu par l'animal, ou de ce que de l'azote est exhalé.

Des expériences nombreuses, entreprises par M. Despretz, dans ses *recherches sur la chaleur animale;* celles de MM. Regnault et Reiset sur *la respiration;* celles que M. Martin Saint-Ange et moi avons faites sur la respiration des œufs, démontrent :

1° Que de l'azote est exhalé;

2° Que de l'oxygène est absorbé.

L'azote ne peut que provenir de la destruction d'une matière azotée. Quant à la disparition de l'oxygène,.

elle peut être attribuée à des causes fort différentes :

1° A la combustion de l'hydrogène;

2° A la transformation de la matière albuminoïde en histose et en tissu épidermique;

3° A la combustion incomplète de produits éliminés par une autre voie que la respiration, soit avec les urines, soit avec la transpiration cutanée.

Les phénomènes de la nutrition sont plus faciles à observer dans le développement embryonnaire des oiseaux que dans toute autre circonstance, parce qu'il a lieu dans un œuf dont les éléments sont connus, et que l'on peut déterminer la composition et la quantité des produits aériens qui y entrent et qui en sortent.

« L'analyse chimique et l'analyse microscopique dé-
» montrent que les principaux éléments organiques de
» l'œuf sont une matière albuminoïde, une matière
» grasse et quelques substances minérales. Après l'in-
» cubation, on trouve que ces éléments ont donné
» naissance non-seulement à du sang et à du tissu
» cellulaire, qui n'existaient point dans l'œuf, mais
» encore à plusieurs systèmes organiques parfaitement
» développés, parmi lesquels on distingue l'osseux, le
» musculaire, le nerveux et le tégumentaire. »

« ... Pendant l'incubation, les œufs perdent de l'eau,
» du carbone, de l'azote et du soufre. La diminution
» de la matière grasse et de la matière azotée démon-
» tre que ces deux sortes de matières sont appelées à
» fournir les éléments recueillis comme produits de la
» respiration de l'œuf pendant l'incubation... L'œuf
» incubé est plus oxygéné que celui qui n'a point été

» soumis à l'incubation, tant par la perte de certains
» éléments, que par l'absorption directe de l'oxygène
» atmosphérique [30]. »

Nous trouvons là des conclusions sur lesquelles il
sera possible de s'appuyer pour discuter le rôle des
aliments dans la nutrition des animaux.

### FONCTIONS DES PRODUITS PHYTOSIQUES DANS LA NUTRITION.

Les produits phytosiques comprennent essentiellement la *cellulose*, la *fécule*, les *gommes*, les *sucres*,
les *mucilages*, qui appartiennent au règne végétal, et
la *lactine*, qui est d'origine animale.

Ces produits ne sont point indispensables à la vie
animale; car il n'en existe point dans la nourriture
des animaux carnivores. Mais il est non-seulement des
animaux dont la nourriture en contient, et il en est
même en très-grand nombre dont la nourriture renferme des produits inutiles.

Dans tous les cas, l'intestin des animaux est adapté
à leur mode de nutrition, et il est d'autant plus déve-
loppé, que parmi leurs aliments se trouvent des produits non indispensables ou inutiles.

Les *sucres* et la *lactine* étant solubles dans l'eau,
sont facilement absorbés par les parois de l'intestin, et
parviennent ensuite dans l'intérieur des vaisseaux de
diverses natures qui rampent à la surface de cet organe;
car, quoique la dextrine paraisse se dissoudre dans
l'eau, elle n'y est réellement point soluble : elle a con-

servé sa forme particulière; seulement, les globules qui la forment se développent considérablement dans l'eau, deviennent fort mous, et partagent avec elle l'apparence d'un fluide.

Les *fécules* sont insolubles dans l'eau et ne pourraient être absorbées si elles ne subissaient une transformation qui les rendît solubles.

M. Miahle a trouvé dans la salive une matière azotée qui possède toutes les propriétés de la *diastase* trouvée dans l'orge, et qui jouit au suprême degré de la propriété de transformer les fécules d'abord en dextrine, puis en sucre interverti.

Si la fécule est cuite, sa transformation est rapide. Il suffit d'introduire de l'empois dans la bouche pour qu'il y prenne en peu de temps une saveur sucrée.

Si la fécule est fraîche, ou telle qu'on la trouve dans les végétaux, elle exige plus de temps pour se dissoudre; si elle est sèche, il faut un temps encore plus long.

MM. Bouchardat et Sandras ont trouvé la même matière dans le liquide sécrété par le pancréas [31].

La fécule peut donc être rendue soluble et être absorbée ensuite. Il n'est pas probable qu'elle soit absorbée à l'état de dextrine : 1° parce que la dextrine en dissolution apparente est formée de particules très-volumineuses dont il est difficile d'admettre l'absorption; 2° parce que le même ferment qui transforme la fécule en dextrine, transforme la dextrine en sucre, et en un temps beaucoup plus court.

Les aliments féculants peuvent donc être absorbés

après avoir été amenés à l'état de sucre. Il est probable que l'inuline et la pectine même jouissent de la même propriété.

Le sucre ordinaire est même transformé en acide lactique dans la bouche de l'homme. Quand on a mangé du sucre, on éprouve peu de temps après une forte saveur acide, et un morceau de papier de tournesol bleu, rougit lorsqu'on l'applique sur la partie postérieure de la langue où cette saveur est le plus marquée.

La *cellulose* fait partie des aliments des herbivores.

Les ruminants, qui ont un estomac très-développé, ne peuvent la digérer et la rendent dans leurs excréments.

En résumé, les aliments phytés, excepté la cellulose et les matières ligneuses en général, *sont absorbés à l'état de sucre ou d'acide lactique libre ou combiné.*

Il reste à voir maintenant ce que deviennent ces aliments, dans quels organes ils pénètrent, et quelles sont les fonctions qu'ils remplissent.

Les nombreuses artères qui portent du sang à l'intestin se divisent et se réduisent en vaisseaux capillaires qui rampent à la surface de cet organe. La plupart de ces vaisseaux capillaires s'anastomosent et se réunissent en un tronc considérable et court, qui a reçu le nom de *veine-porte*. Ce tronc pénètre tout entier dans le foie, où il se ramifie en produisant de nouveaux vaisseaux capillaires.

Le sucre et l'acide lactique parvenus à la surface interne de l'intestin sont absorbés, traversent les parois de cet organe, et parviennent dans les capillaires radicaux de la veine-porte, et de là ils sont transportés dans le foie, où ils sont distribués par de nouvelles ra-mifications de cette veine.

Chez les animaux purement carnivores, tels que les oiseaux de proie diurnes et nocturnes, ainsi que les quadrupèdes du genre chat à l'état sauvage, rien de cela n'a lieu, puisque la nourriture de ces êtres, uniquement animale, ne contient de phytose sous aucune forme [32].

D'une autre part, M. Bernard a toujours trouvé du sucre dans le sang émanant du foie de chiens nourris exclusivement avec de la chair. Enfin, dans ces derniers temps, il a observé dans cet organe ou dans le sang qui en sort, une matière transformable en sucre et possédant toutes les propriétés des produits phytés solubles avant qu'ils soient arrivés à l'état de sucre, substance qu'il a nommée *glycogénique*.

Si les faits qui viennent d'être exposés sont incontestables, il faut en conclure :

1° Qu'un produit saccharin est indispensable à la vie animale;

2° Que la nature forme ce produit lorsqu'il ne se trouve pas naturellement dans la nourriture des animaux.

On peut, par des spéculations plus ou moins probables, rechercher l'origine et les fonctions de cette matière sucrée. Cette recherche sera faite dans le chapitre où il sera question de la matière albuminoïde.

#### FONCTIONS DE LA MATIÈRE GRASSE DANS LA NUTRITION DE L'ANIMAL.

L'importance du rôle des matières grasses dans la nutrition de l'animal a déjà été plusieurs fois signalée. Tous les œufs en contiennent, et dans les œufs aériens elle disparaît, en partie du moins, pendant l'incubation, par suite de l'évolution de l'animal et de la formation des tissus qui le constituent. Il est probable aussi qu'il en existe chez tous les animaux; car, par la dessiccation et l'emploi des dissolvants, on en trouve chez les méduses, les têtards des crapauds et des grenouilles, chez les poissons, chez les insectes. Par la dissection, on l'observe en quantité plus ou moins considérable chez l'anguille, les couleuvres, les boas, les lézards, les oiseaux et les mammifères.

Dans le règne végétal, une espèce déterminée produit toujours la même huile, le même corps gras. L'huile d'olive est toujours la même, et l'on sait combien elle diffère des huiles de colza, de lin et de pavot.

Quoique les animaux mangent des produits renfermant des matières grasses fort différentes, chaque espèce en contient cependant aussi une espèce déterminée, sans vouloir dire par cela qu'il y ait autant d'espèces de graisses que d'espèces animales.

La différence des graisses peut être indiquée par leur consistance. La baleine donne une huile fluide, le cachalot donne une huile analogue, mais contenant de la *céline* solide; le porc donne une graisse molle, le cheval donne une graisse un peu plus solide, les ruminants donnent du suif. On sait aussi que la graisse de l'homme diffère de celle de ces animaux.

Les graisses et les huiles étant presque toujours des mélanges de produits fluides et de produits solides, il arrive que la graisse varie chez un seul animal, selon les organes qui la recèlent. On connaît les différences qui existent entre l'huile de pied de bœuf, si fluide qu'elle sert pour adoucir le frottement des machines, et le suif, qui n'est fusible que vers 39 degrés. On sait encore généralement que le suif qui environne les reins du veau est plus beau, moins odorant et plus pur que celui des autres parties du corps de cet animal.

Vers 1842, on émit l'opinion que les matières grasses étaient toute formées dans les végétaux, et que les animaux ne faisaient que les leur emprunter.

Les observations qui précèdent suffiraient pour démontrer que ce n'est pas au moins sans modifications; car l'homme, qui prend la nourriture la plus variée, produit toujours la même graisse pour les mêmes parties de son corps. Que les aliments soient assaisonnés avec du beurre, comme dans le nord de la France; avec de la graisse de porc, comme dans le sud-ouest du même empire; avec de l'huile d'olive, comme dans le midi de l'Europe; qu'il se trouve du suif dans la chair qu'il mange, sa graisse ne varie pas pour cela; elle est toujours formée de morgarine et d'oléine possédant les mêmes propriétés.

On a tenté beaucoup d'expériences pour vérifier l'opinion qui avait été émise sur l'origine de la graisse chez les animaux.

Une foule de substances alimentaires ont été traitées par l'éther pour voir si l'on en extrairait de la graisse, ou l'on a considéré comme tels les produits très-variables dissous par ce fluide. Quoi qu'il en soit, ces expériences ont démontré qu'il y avait des corps gras où l'on n'en soupçonnait pas l'existence.

On a nourri des abeilles avec du sucre pour voir si elles produiraient de la cire, afin de juger si elles la prenaient toute formée dans les végétaux.

Des oies ont été engraissées avec des aliments dont la quantité de matière grasse était connue.

Les expériences entreprises sur les abeilles ont donné un résultat favorable à la production de la cire.

Celles sur les oies, entreprises par M. Persoz, ont donné un résultat analogue au précédent.

Parmi les corps gras d'origine animale, le beurre est le plus étonnant. Une vache consommant 15 kilogr. de foin par jour, peut produire jusqu'à 10 litres de lait. Certaines vaches en donnent jusqu'à 40 litres; mais cela est exceptionnel.

Le lait, par la dessiccation, donne environ 0,125 de matières fixes, parmi lesquelles il peut y avoir 0,040 de beurre, 0,035 de matière caséeuse, et 0,050 de lactine.

Les 10 litres de lait pesant environ 10 kilogrammes, il en résulte qu'ils contiennent environ 400 grammes de beurre.

La matière verte des plantes contenant de la cire ou une matière grasse, il est possible que 15 kilog. de foin peuvent donner 400 grammes de beurre. Il est d'autant

plus probable que le beurre est tiré de la matière grasse
des plantes, que, dans le lait, il est accompagné de
caséine, qui est une matière albuminoïde; de lactine,
qui est une matière phytosique, et que la présence de
ces matières en quantité considérable témoigne avec
de grandes probabilités que le beurre n'a pas été produit à leurs dépens.

Les trois matières du beurre sont cependant modifiées par l'animal; car toutes les plantes que mangent
les herbivores ne contiennent pas de caséine, et elles
ne renferment ni lactine, ni beurre, mais d'autres matières des mêmes groupes.

On pourrait donner comme une preuve que les animaux ne transforment pas ces produits l'un dans l'autre, qu'une chienne nourrie exclusivement avec de la
viande, qui ne contient qu'une quantité très-minime
de sucre, donne du lait dans lequel on ne trouve pas
de lactine.

Cependant, on admet généralement que les nègres
engraissent beaucoup pendant la récolte de la canne à
sucre, et que cela est dû à ce qu'ils sucent les cannes
pour extraire la liqueur sucrée qu'elles contiennent.

Le suc de la canne contient aussi beaucoup d'albumine assimilable, et l'engraissement pourrait être dû
à un excès de nourriture qui permettrait d'utiliser la
matière grasse des aliments ordinaires, plutôt qu'à une
transformation d'aliment.

Ces observations, jointes aux expériences sur la production de la cire par les abeilles et l'engraissement des
oies, sembleraient favorables à la transformation de la

matière phytosique ou de l'albumine en graisse; mais
d'autres observations étant contraires à cette opinion,
il est convenable d'attendre que de nouvelles expériences aient précisé les circonstances dans lesquelles ces
faits s'accomplissent, avant d'en rien conclure de dé-
finitif.

Les matières grasses ingérées par les animaux sont
modifiées dans l'intestin; elles y sont émulsionnées par
le fluide pancréatique et concourent à la formation du
*chyle*. Elles pénètrent par une voie inconnue dans les
vaisseaux chylifères, qui se réunissent en un seul tronc
qui porte le nom de *canal thoracique,* et de là elles se
rendent dans la veine sous-clavière gauche.

Le chyle est un fluide visqueux, albumineux, trans-
lucide, d'une couleur légèrement rosée. Magendie a remarqué que le chyle des animaux qui ont mangé des
corps gras a une apparence laiteuse. Cette apparence
est due à la présence de la matière grasse tenue en
suspension dans le fluide. Elle s'y trouve émulsionnée
à l'état de petits globules qui réfractant la lumière au-
trement que la matière albuminoïde, en troublent la
transparence et le font paraître blanc.

L'introduction du chyle dans le sang veineux, très-
près du cœur et des poumons, démontre que ce fluide
ne peut remplir les fonctions qui lui sont dévolues par
la nature que lorsqu'il a subi l'influence de l'oxygène
dans l'acte de la respiration.

Les matières grasses, quelles qu'elles soient, sont
alors modifiées et peuvent être utilisées. Cela est d'autant
plus probable, que les personnes qui ont la poitrine la

plus développée sont celles qui prennent généralement le plus d'embonpoint, et que les phthisiques, chez lesquels la respiration est fort incomplète, sont d'une maigreur extrême, ainsi que l'indique le nom même de leur maladie.

Le sang renferme des matières grasses; la matière nerveuse en contient aussi et de diverses espèces. La cholestérine, si on veut la ranger dans les matières grasses, dont elle possède la plupart des propriétés, existe tout à la fois dans le cerveau et dans la bile.

Les matières grasses doivent être brûlées dans l'économie des animaux; car on ne les retrouve point parmi leurs excréments liquides ou solides.

Des individus ont quelquefois rendu des urines laiteuses et contenant de la graisse; mais c'est là un cas pathologique ou anormal qui ne peut porter à modifier l'assertion précédente.

Le rôle dynamique des matières grasses chez les animaux, quoique très-important, est encore peu connu. Des expériences de divers ordres et très-nombreuses devront être entreprises pour l'étudier.

## FONCTIONS DE LA MATIÈRE ALBUMINOÏDE
### CHEZ LES ANIMAUX.

La matière albuminoïde existe en grande abondance chez les animaux supérieurs; elle se trouve dans le sang; elle forme les tissus du rein, du foie, du cerveau, et légèrement modifiée, elle produit la chair musculaire; modifiée plus profondément encore, elle

donne le tissu cellulaire qui forme les tendons, les aponévroses et la matière organique des os.

La matière albumineuse existe dans les végétaux
sous des formes très-variées. Tantôt elle est solide et
insoluble dans l'eau, comme le gluten du blé ; tantôt
elle est soluble, au moins en apparence, comme l'albumine que l'on trouve dans la sève et dans le suc dès
plantes, et la caséine ou la légumine des légumineuses.
Dans tous les cas, elle est particulaire.

Les principales différences de propriétés que l'on
observe dans l'albumine sont principalement dues à la
présence des matières minérales diverses. Le bi-carbonate de soude la rend très-soluble, comme dans les
œufs et le sang ; les phosphates de magnésie et de chaux,
en certaine proportion, lui retirent sa solubilité apparente.

Que l'albumine soit solide ou fluide, cuite, coagulée
ou non cuite, une fois qu'elle est parvenue dans l'animal, elle s'y trouve modifiée et se présente toujours identique : l'albumine du sang d'un animal ne varie pas ;
celle des œufs d'une même espèce est dans le même
cas.

L'albumine parvenue dans l'intestin est-elle dissoute
complétement pour être absorbée, ou bien peut-elle
pénétrer dans l'économie sans éprouver cette modification ?

M. Mialhe pense, ainsi que je l'ai démontré, que
l'albumine est insoluble dans l'eau ; mais qu'elle se transforme en albuminose ou albumine soluble pour être
absorbée.

Cette opinion ne me paraît pas fondée; l'albumine est sans doute absorbée par la même voie que les matières grasses.

Les vaisseaux chylifères ne formant point un circuit complet, comme les vaisseaux sanguins, ne doivent point avoir des capillaires intermédiaires entre deux systèmes vasculaires, comme ces derniers; et sans admettre, comme certains physiologistes l'ont imaginé, qu'ils ont des bouches absorbantes, il est cependant très-probable que leurs radicules présentent une disposition anatomique qui leur permet d'absorber des corps qui ne sont pas complétement dissous.

Le chyle contenant toujours de l'albumine, cette albumine doit provenir de l'absorption qui se fait à la surface de l'intestin, car elle ne peut avoir d'autre origine [33]; et il faut enfin que l'albumine qui vient du dehors pénètre dans le système vasculaire, et de là dans tout l'animal, soit à l'état de dissolution, soit sans avoir été dissoute. Les faits suivants militent en faveur de cette dernière opinion.

Les ampoules sous-épidermiques produites par une brûlure ou un agent vésicant contiennent de l'albumine qui a traversé des tissus très-serrés en apparence.

Le sang de la mère des animaux à placentas ne communique avec celui des fœtus que par une absorption qui se fait au travers des doubles parois des anses vasculaires de l'utérus et du placenta. On sait positivement que le sang de fœtus ne communique pas avec celui de la mère, puisque les globules du sang que l'on y trouve sont fort différents de ceux du sang de la mère.

Enfin, l'albumine des oiseaux traverse l'oviducte et les enveloppes de l'œuf; car on sait que c'est principalement dans ce conduit que se développe la partie albumineuse de l'œuf.

Pour que l'opinion de M. Mialhe fût fondée, il faudrait que, dans tous les cas qui viennent d'être cités, l'albumine passât à l'état d'albuminose uniquement pour traverser les parois des organes, et qu'elle retournât immédiatement à l'état d'albumine, ce qui est peu probable. Cependant, avant de rejeter cette opinion, il est convenable d'attendre que de nouveaux faits viennent la renverser ou la confirmer.

L'albumine pourrait être absorbée aussi par des radicules *libres* de la veine-porte; mais cela est fort douteux.

L'albumine parvenue dans le sang, où elle existe en quantité considérable, concourt à former le sérum, la fibrine et la principale partie de la masse des globules sanguins.

Elle sort alors des vaisseaux, soit par simple exosmose, soit par des extrémités béantes, et elle concourt à former tous les produits azotés de l'organisme.

Cette dernière opinion est prouvée par l'étude complète de ce qui entre et de ce qui sort d'un animal.

Les animaux perdant de l'azote par la respiration et surtout par les urines, il en résulte que celui des tissus doit être fourni par les aliments solides. Et comme parmi ces derniers il n'y a que la matière albuminoïde qui soit azotée, c'est bien cette matière qui doit jouir de la propriété nutritive.

On s'est occupé pendant longtemps de savoir si le tissu cellulaire animal était nutritif. On a fait sur ce sujet des expériences directes qui n'ont pas une grande valeur scientifique; mais les végétaux ne contenant point de matière analogue au tissu cellulaire animal, soit de l'*histose*, il est évident qu'il est étranger à la nutrition des animaux herbivores, et que la matière albuminoïde doit concourir à le former. Il n'y aurait que les carnivores qui pourraient être appelés à l'utiliser, parce que seuls ils en consomment; mais l'histose ne pourrait servir qu'à reproduire le tissu cellulaire et ne pourrait être employé à la nutrition des tissus albuminoïdes, tels que ceux qui forment la base organique du cerveau, des reins, du foie et des muscles.

Plusieurs chimistes admettent que la fibrine et l'albumine ont la même composition ultime; mais des expériences nombreuses de MM. Dumas et Cahours conduisent à admettre une différence de composition entre ces deux produits. La quantité d'azote demeurant la même, la fibrine contient moins de carbone, moins d'hydrogène et plus d'oxygène que l'albumine.

Quoique l'albumine et la fibrine soient particulaires, quoiqu'elles puissent admettre des variations de composition, et quoiqu'il soit par cela même peu convenable de leur assigner une formule chimique, il peut cependant être très-utile de le faire pour établir des comparaisons et en déduire des conséquences :

La formule de l'albumine étant $C_{48} H_{36} A_6 O_{14}$
Celle de la fibrine est. . . . . . . $C_{44} H_{32} A_6 O_{18}$

dont la différence indique que l'albumine, pour passer à l'état de fibrine, a perdu $C_4 H_4$, et gagné $O$.

Cette comparaison semblerait indiquer que l'albumine a été soumise à une combustion incomplète dans cette transformation, et que l'oxygène a été employé : 1° à brûler le carbone et l'hydrogène, et 2° à oxyder la matière albuminoïde.

Selon M. Claude Bernard, le foie jouirait de la faculté de transformer les éléments du sang en une matière *glycogène* qui se transformerait ultérieurement en glycose.

Les propriétés assignées à la matière glycogène la rangent parmi les substances *phytosiques*, dont la composition peut être représentée par de l'eau et du carbone.

Quoique ces résultats laissent encore à désirer, si on les adopte on est conduit à rechercher comment cette matière peut être produite par les éléments du sang, qui sont presque entièrement albumineux.

L'albumine, par une simple hydratation, pourrait acquérir l'oxygène et l'hydrogène nécessaires pour être transformée en sucre, en acide gras et en urée :

$$C_{48} H_{36} O_{14} A_6 + 18 \, H \, O = C_{48} H_{54} O_{32} A_6$$

et

$$C_{18} H_{18} O_{18} \text{ sucre.}$$
$$C_{24} H_{24} O_8 \text{ acide gras.}$$
$$C_6 H_{12} O_6 A_6 \text{ urée.}$$

Somme : $C_{48} H_{54} O_{32} A_6 =$ albumine $+ 18 \, H \, O$.

Cette interprétation des phénomènes qui s'accomplissent dans le foie peut être réelle, parce que l'on ne peut enlever les éléments d'un sucre à l'albumine sans faire naître un produit beaucoup plus azoté. Aucun produit de cette nature n'entrant dans la constitution des animaux, c'est là que commencerait une des réactions dans lesquelles l'albumine se détruit.

Si le foie donne naissance à une matière phytosique, quelle qu'elle soit, il produit donc en même temps un acide gras qui a la même composition que l'acide caproïque trouvé dans le beurre par M. Chevreul, et auquel M. Lerch a assigné pour composition $C_{12} H_{12} O_4$, et enfin de l'urée.

J'ai entrepris une série d'expériences pour vérifier tous ces faits.

### HISTOSE, TISSU ÉPIDERMOÏDE, MUCUS.

Les animaux sont formés par un tissu élémentaire qui en est la base. A mesure qu'ils s'élèvent dans l'échelle animale, ce tissu reçoit des produits variés qui en modifient considérablement les propriétés. Par l'introduction de matières minérales, il devient solide et forme la charpente sur laquelle l'animal est construit. La matière nerveuse, la fibre musculaire, l'imprègnent et forment ainsi des organes spéciaux. A lui seul il produit chez les vertébrés, les tendons, les aponévroses et les ligaments. Les anatomistes l'ont nommé *tissu cellulaire,* à cause de sa structure. Considéré au point de vue chimique, je l'ai nommé *histose.*

Ce tissu peut être représenté par $C_{38} H_{30} O_{14} A_6$. Si on le compare à la matière albuminoïde dont il dérive, on voit que ces deux éléments diffèrent par $C_{10} H_6$ :

$$\text{Albumine. . . . . } C_{48} H_{36} O_{14} A_6$$
$$\text{Histose. . . . . . } C_{38} H_{30} O_{14} A_6$$
$$\text{Différence. . . . . } C_{10} H_6$$

$C_{10} H_6 + 4 H O$ donnerait de l'acide valérique, valérate hydrique, ou un corps qui lui serait isomérique : $C_{10} H_{10} O_4$.

On ne peut affirmer que cette réaction ait lieu ; mais elle démontre que la transformation pourrait se faire sans l'intervention d'une combustion par l'oxygène.

Les matières épidermoïdes, telles que l'épiderme, les écailles, les poils de diverses natures, les ongles, les sabots des solipèdes, les cornes proprement dites, ont sensiblement la même composition que l'histose ; mais la matière qui les forme possède des propriétés qui la distinguent nettement de l'histose : celle-ci se résout en gelée par l'action de l'eau bouillante, et l'autre ne peut subir cette modification.

Ces tissus protecteurs des animaux peuvent donc aussi être produits, soit par une combustion incomplète de la matière albuminoïde, soit par une simple hydratation.

Le tissu épidermoïde recouvre la peau et la protége contre les agents extérieurs. Les membranes internes, communiquant cependant avec l'extérieur, telles que celles qui revêtent les fosses nasales, la bouche, l'intestin, portent le nom de *membranes muqueuses,* et sécrètent une matière fluide, visqueuse, que l'on nomme *mucus*.

Cette matière, assez difficile à recueillir à l'état de pure, a été soumise à l'analyse par M. Schœrer, et a donné une composition qui peut être ramenée à $C_{58}$ $H_{46} O_{24} A_6$ [34].

Cette composition représente exactement de la matière albuminoïde, plus une matière phytosique $C_{10}$ $H_{10} O_{10}$.

Pourrait-on admettre que le mucus est produit par la réunion directe de ces deux produits?

J'ai essayé de faire fermenter du mucus par la levure de bière, soit directement, soit après l'avoir traité par l'acide sulfurique, et n'ai point réussi.

Comment l'histose se forme-t-elle et se détruit-elle?

Comment le tissu épidermoïde prend-il naissance?

Quelle est l'origine du mucus?

Ce sont là autant de questions qui laissent beaucoup à désirer, et malheureusement il faut aussi y ajouter ce qui est relatif à la sécrétion des différents fluides qui forment la salive et le lait.

Il faut encore remarquer que le sang qui se rend à la tête et aux membres thoraciques doit différer de celui qui se rend aux membres pelviens, parce que ce dernier a rencontré les reins sur son trajet, et qu'il leur a abandonné une partie des produits qu'ils sont aptes à isoler.

Il faut ne point perdre de vue non plus que le sang des veines jugulaires doit différer de celui des autres veines, sinon en composition ultime, au moins par la manière dont les éléments y sont répartis, parce que

64

la nutrition du cerveau exige des matières spéciales,
et qu'elle abandonne des produits que d'autres organes
ne peuvent donner qu'en faible quantité, vu la petitesse
du volume des nerfs qui s'y trouvent.

Ce sont-là autant de sujets qui attendent des expériences dont le résultat jetterait une vive lumière sur
la physiologie animale.

En résumé, le sang artériel et le sang veineux doivent être toujours les mêmes, l'un à la sortie du cœur,
l'autre à son entrée dans cet organe; mais pris, loin
de là, ils doivent se modifier : l'un par les sécrétions
qu'il abandonne pendant son trajet, l'autre par les
produits variables qu'il tire d'organes qui diffèrent les
uns des autres.

RÉPARTITION DES MATIÈRES MINÉRALES DANS

L'ÉCONOMIE ANIMALE.

Le système osseux contient principalement du phosphate et du carbonate calcaires, réunis à des sels de
magnésie et à une petite quantité de fluorure de cal-
cium [35].

Le phosphore se trouve dans la matière nerveuse,
dans le sperme, dans les ovaires.

Le sang est alcalin et contient du bi-carbonate de
soude [36].

Les muscles sont imprégnés de sels de potasse [37].

Les sels solubles sont facilement absorbés et peuvent
pénétrer partout par une simple diffusion ; mais la nature possède des moyens qui nous sont inconnus et
par lesquels elle en opère le départ et la répartition.

Le phosphate calcaire est sans doute rendu soluble par l'acide lactique, qui le dissout avec une très-grande facilité.

Le carbonate de chaux peut être dissous par de l'acide carbonique, ou bien il peut se former par la décomposition d'un sel de chaux à acide organique, ou se produire par double substitution entre un sel de chaux et du carbonate sodique.

On ignore aussi bien les lois de la répartition des matières minérales que celles des principes immédiats organiques. Ainsi, l'on ne sait pas pourquoi le phosphate de chaux se dépose dans le tissu osseux plutôt que partout ailleurs. Toutefois, si cela se fait ainsi, c'est que les circonstances le permettent; mais ces circonstances sont entièrement inconnues.

Les matières minérales sont transportées par le sang allant de l'intestin à l'organe qui les réclame, et là elles doivent trouver un agent qui les fixe.

Le bi-carbonate de soude entretient la fluidité du sérum, et il en existe dans le sang une quantité à peu près constante qui s'y trouve maintenue par une espèce d'équilibre mobile.

Selon M. Mitsherlich, le bi-carbonate de soude serait le véhicule de l'acide carbonique rendu par l'expiration. De l'acide lactique s'emparerait de la soude et chasserait l'acide carbonique. Cette théorie attend toujours une démonstration expérimentale.

### EXISTENCE TEMPORAIRE DES PRINCIPES ORGANIQUES
### DES ANIMAUX.

Jusqu'à ce moment, on a vu comment les divers produits immédiats pouvaient pénétrer dans l'animal et s'identifier avec ses organes. La nature et la quantité des aliments consommés par les animaux démontrent que l'existence des produits qu'ils forment est temporaire. Par exemple : que de la matière albuminoïde puisée dans la nature végétale doit pénétrer dans le système circulatoire de l'animal et s'*assimiler* à ses organes, et que cette matière se renouvelant, doit être éliminée pour faire place à d'autre.

L'élimination des matières organiques peut avoir lieu par les transpirations pulmonaire et cutanée, par les urines et par les matières fécales.

La présence de l'acide carbonique dans les produits de la respiration indique une destruction radicale par laquelle du carbone est enlevé.

La transpiration pulmonaire peut entraîner de l'eau.

Il y a toujours aussi plus ou moins de matière organique entraînée par cette voie ; mais la quantité en est fort minime.

La transpiration cutanée élimine de l'eau, du sel marin et des produits acides ou alcalins, selon les parties du corps. On a pensé que la peau respirait, et par conséquent absorbait de l'oxygène et émettait de l'acide carbonique ; cela a été répété par une foule de physiologistes qui se fondaient sur une expérience de Spallanzani, mal interprétée. Mais cette opinion est complétement erronée. Je me suis assuré, par des expériences directes et nombreuses, que la peau de l'homme : 1° ne changeait pas le volume de l'air qui était en contact avec elle; 2° qu'elle n'en absorbait pas l'oxygène, et qu'elle n'émettait que des traces presque insensibles d'acide carbonique; celui enlevé par l'humeur de la transpiration.

Les matières solubles sont entraînées par les urines. Celles-ci contiennent non-seulement du sel marin en quantité très-notable, mais des phosphates et des matières fortement azotées qui varient selon la nourriture des animaux.

Les animaux herbivores rendent dans leurs urines de l'acide hippurique : $C_{18} H_9 O_6 A$.

Les animaux exclusivement carnivores rendent principalement de l'acide urique : $C_{10} H_4 O_6 A_4$, $4 H O$.

Chez les animaux à *cloaque,* tels que les serpents et les oiseaux carnivores, où les urines et les excréments se mêlent avant leur expulsion, le produit est entièrement solide et formé principalement d'acide urique, de phosphate et de carbonate calcaires.

Les animaux omnivores, tels que l'homme, dont l'appareil respiratoire est très-développé, rendent de l'urée : $C_2 H_4 O_2 A_2$.

On a déjà vu un des moyens possibles de la production de l'urée dans l'action que le foie exercerait sur la matière albuminoïde; mais indépendamment de celui-là, s'il existe, il doit y en avoir d'autres. L'albuminoïde et l'histose doivent se détruire en donnant de l'urée.

Il est probable que cette réaction ne se fait pas en une seule fois, et qu'il y a plusieurs produits intermédiaires, tels que la créatine, l'acide inosique, etc., qui prennent naissance, produits que la chimie a fait connaître depuis quelques années.

Les équations finales de ces réactions sont inconnues.

L'acide hippurique, que l'on rencontre dans l'urine des vaches, des chevaux et des jeunes enfants, quelquefois même dans celle de l'homme soumis à un régime végétal, se dédouble très-facilement en acide benzoïque et en sucre de gélatine.

$$C_{18} H_9 O_6 A + 2 H O = C_{14} H_6 O_4 + C_4 H_5 O_4 A.$$

L'acide hippurique prend-il naissance uniquement par la destruction de la matière albuminoïde ou par la réunion de produits azotés venant de cette matière, et de produits non azotés venant des aliments?

L'influence du régime sur la formation de l'acide hippurique semblerait démontrer que c'est à cette dernière cause qu'il faut attribuer sa production; l'observation suivante paraît aussi confirmer cette opinion :

Les bœufs qui entrent à l'Abattoir de Bordeaux restent quelquefois plusieurs jours sans recevoir une nourriture suffisante avant d'être abattus, quelquefois même sans en recevoir aucune. L'urine de ces animaux, prise dans leur vessie après leur mort, ne donne que très-peu d'acide hippurique et une quantité très-considérable d'urée.

Ce n'est donc point à une organisation spéciale de

69

l'animal, mais aux aliments herbacés, qu'il doit la faculté de produire de l'acide hippurique.

Il faut encore ajouter que l'urée est produite aux dépens des tissus organiques, et que les animaux soumis
à l'inanition continuent les dernières phases de la nutrition par la destruction de leur propre substance.
Cette opinion est fortifiée par les observations de MM. Regnault et Reiset, qui ont vu, dans leurs recherches
chimiques sur la respiration, que les animaux soumis
à l'inanition donnaient sensiblement les mêmes produits gazeux que les animaux carnivores. (*Annales de
Chim. et de Phys.*, 3e série, t. XXVI, p. 542, 7°.)
Les bouchers auraient donc un grand intérêt à tuer
immédiatement les bœufs qui entrent à l'Abattoir, ou
à les nourrir convenablement jusqu'au moment de leur
mort.

L'*acide urique hydraté* diffère de l'urée par de
l'oxyde de carbone :

$$C_{10} H_8 O_{10} A_4 - 2 (C_2 H_4 O_2 A_2) = 6\, C\, O.$$

Cet acide provient donc d'un régime animal sur-
abondant ou d'une combustion respiratoire insuffisante.
En effet, en oxydant suffisamment l'acide urique, on le
réduirait en acide carbonique et en urée.

L'*urée*, dans les urines, se décompose spontanément
en carbonate d'ammoniaque :

$$C_2 H_4 O_2 A_2 + 4\, H O = 2\, (C\, O_3\, A\, H_4)$$

et elle retourne ainsi au produit qui a primitivement

donné naissance à la matière albuminoïde dans les végétaux.

Les matières qui ne sont point solubles et qui ne peuvent servir à la nutrition des animaux, ainsi que la bile, se trouvent éliminées avec les matières fécales, qui sont colorées par cette dernière.

Il résulte de cette simple observation, qu'il existe une relation entre les aliments et les excréments.

Les animaux herbivores rendent dans leurs excréments, de la cellulose, de la silice, des phosphates en petite quantité, de la bile, des aliments qui n'ont point été digérés.

Les granivores, tels que beaucoup d'oiseaux, et notamment les pigeons, rendent des excréments riches en azote et en phosphates, parce que les graines en contiennent beaucoup.

Les animaux carnivores, qui ont des appareils distincts pour rendre les urines et les matières fécales, rendent des excréments presque entièrement formés de phosphate de chaux.

Les carnivores à cloaque rendent des excréments principalement formés d'acide urique et de phosphate calcaire, ainsi que cela vient d'être dit.

## MOUVEMENTS FONDAMENTAUX DE L'ORGANISME ANIMAL.

L'animal se développe par divers organes qui s'ajoutent successivement à un être primitif fort simple. Arrivé à une certaine période de son existence, l'accroissement s'arrête, et la vie de l'être peut être entretenue par des matériaux qui le renouvellent sans cesse jusqu'à ce qu'il arrive à la mort, après avoir traversé la phase de décroissement.

L'être vivant, dans son ensemble, est dans un état d'équilibre mobile qui se maintient entre les produits qui entrent dans son être et ceux qui sont éliminés.

Il s'établit depuis le commencement jusqu'à la mort un mouvement d'absorption qui va de l'intestin vers la périphérie. Ce mouvement est indispensable à la vie; il la caractérise, et elle cesse avec lui. Il est entretenu par des causes multiples, mais principalement par des réactions chimiques et par l'exhalation. On ne peut supprimer l'une de ces fonctions sans anéantir la vie. Si on l'affaiblit ou si on la diminue partiellement, on fait naître des maladies.

La circulation du sang, que les physiologistes ont principalement attribuée aux mouvements du cœur, est principalement due aux notions fondamentales qui viennent d'être signalées.

### ACTES ANIMAUX.

La vie animale rend son existence manifeste par des actes spéciaux.

Les principaux actes de la vie animale, ou ceux qui paraissent les plus évidents, sont le *mouvement* que l'on observe à tous les degrés de l'organisation, une *élévation de température* appréciable chez les vertébrés aériens, et *les phénomènes de l'intelligence,* qui existent au plus haut degré chez l'homme.

Indépendamment de ces actes, il en est de moins évidents ou de plus intimes, tels que la *nutrition*, la *respiration*, la *perméation*, qui existent chez tous les animaux; les sécrétions, la circulation, etc., qui ne sont observées que chez ceux qui ont un certain degré d'organisation.

Les actes qui viennent d'être signalés, s'accomplissent chez l'animal par des forces qui lui sont propres; mais il en est d'autres qui sont dus à l'action des êtres ambiants et qui sont perçus par les sens généraux ou spéciaux.

La *résistance des obstacles*, l'*appréciation de la température*, la *sapidité*, l'*odeur*, le *son*, la *lumière*, déterminent chez l'animal, au plus haut degré de développement, autant de phénomènes spéciaux que l'on nomme *sensations* [38].

Enfin, il peut y avoir chez l'animal une espèce de *réaction* par laquelle les impressions qu'il a éprouvées se reproduisent ou sont rendues à l'espace.

La *pensée*, dans son acception la plus générale, et tous les actes qui s'y rattachent, tels que l'idée, le jugement, la mémoire, l'invention, sont, au moins en partie, dus à des actions de ce dernier ordre.

Dans ce travail, je ne m'occuperai que des actes dus à des forces développées chez l'animal, tels que le mouvement et la chaleur, et de la pensée, qui paraît avoir un caractère mixte. Je réserverai l'étude des sensations pour une publication spéciale.

## MOUVEMENT ANIMAL.

La locomobilité totale ou partielle est un des caractères les plus généraux de l'animal vivant.

Chez l'animal doué d'un squelette quelconque, interne ou externe, les mouvements s'exécutent à l'aide de muscles.

Les muscles sont des organes charnus, généralement fixés à des pièces résistantes, osseuses ou autres, qu'ils mettent en mouvement en se raccourcissant ou se relàchant. Chez les mollusques, il existe des organes jouissant d'une expansibilité totale ou partielle qui fonctionnent de manière à produire les mêmes effets.

Plusieurs muscles fonctionnent sans cesse chez les animaux supérieurs, tels que le cœur, qui est un auxiliaire de la circulation, et le diaphragme, qui est le principal agent du mouvement respiratoire. D'autres muscles agissent d'une manière intermittente, et sont soumis à la volonté de l'être dont ils font partie, c'est-à-dire qu'ils servent pour exécuter les mouvements *voulus* par l'animal.

Les muscles ont souvent des museles antagonistes qui servent pour replacer les parties dans l'état primitif, ou pour exécuter des mouvements contraires.

En général, pour un mouvement donné, les anatomistes et les physiologistes ne considèrent que les muscles qui peuvent le produire; mais cependant les muscles antagonistes fonctionnent en même temps pour maintenir, dans un état d'équilibre fixe ou mobile, la partie mise en mouvement. C'est ainsi, par exemple, que les divers cartilages du larynx, et particulièrement les cartilages aryténoïdes, peuvent être maintenus dans une position fixe, et il en est de même des principaux muscles des membres inférieurs, du tronc, du col et de la tête, chez l'homme, dans la station verticale.

L'opinion générale est de placer la force animale dans les muscles; c'est par cette raison que les statues d'Hercule, quel qu'en ait été l'auteur, présentent un système musculaire très-développé. Cependant, plusieurs physiologistes, voyant les muscles perdre la faculté de se contracter après la section ou la paralysie d'un nerf qui les mettait en relation avec le cerveau, ont émis l'opinion que la force musculaire résidait dans cet organe. Leuret a dit qu'elle provenait du cervelet, et il voyait, dans les lames dont est formée cette partie du système nerveux, les éléments d'une pile dont l'électricité devait être la cause première de ces sortes de mouvements.

Ces diverses opinions sont erronées, et je les ai combattues toutes les fois que l'occasion s'en est présentée.

Ce sont bien les muscles qui sont les *agents* et les *dépositaires* de la force animale; car cette force est toujours en rapport avec le développement du système musculaire. Les grands cétacés, les grands serpents, les grands poissons, possèdent un système musculaire très-puissant, et ont le cerveau et ses annexes d'une dimension relative très-faible.

Après la section d'un nerf, on peut encore, pendant quelque temps, faire contracter un muscle en l'irritant avec une pointe. On peut aussi le faire d'une manière plus efficace avec l'électricité dynamique.

Des physiologistes ont aussi admis que l'électricité dynamique, telle qu'elle est donnée par les piles, était identique avec la force musculaire. Ils étaient d'autant plus porté à le penser, que l'on a vu des cadavres couchés se relever sur leur séant et exécuter des mouvements qui pouvaient faire croire à la vie. Cependant, une observation plus attentive du phénomène démontre que l'électricité, dans les cas de cette nature, doit encore être considérée comme un simple excitant. En effet, employée avec plus de modération sur des parties d'animaux vertébrés à sang-froid, chez lesquels la vie s'éteint le plus lentement, elle détermine des contractions qui vont en diminuant jusqu'à ce qu'elles cessent entièrement. Si on laisse en repos la partie sur laquelle on a d'abord opéré, elle reprend sa motilité, et l'électricité peut de nouveau la faire contracter, et ainsi de suite jusqu'à ce que la partie animale soit *mortifiée,* selon l'expression donnée par les bouchers à la viande qui a perdu sa fermeté, chez laquelle les phénomènes chimiques qui caractérisent la vie sont complétement éteints, et, on peut le dire, qui commence à se putréfier.

Pour que les faits s'accomplissent ainsi, il faut que la force motrice se développe dans le muscle, qu'elle y prenne naissance et s'y accumule par le repos, et que l'électricité, ainsi que cela a été dit, ne soit qu'un simple excitant.

M. Matteucci a entrepris des expériences intéressantes pour arriver à la conclusion qui vient d'être signalée; mais en réalité il n'a fait que la fortifier, et depuis plus de vingt années elle était admise par M. Martin-Magron, qui l'enseigne dans les cours de physiologie qu'il fait à Paris, et par moi. ( V. *Ann. de Chimie et de Phys.*, 3ᵉ série, t. XLVIII, p. 129. )

La conclusion à tirer des faits qui viennent d'être signalés est que la force musculaire est produite dans les muscles, qu'elle y réside et qu'elle s'y accumule.

L'accumulation de la force musculaire ne peut sans doute passer une limite déterminée; les muscles, arrivés à un certain degré de saturation, doivent perdre cette force sous une forme qui ne produit pas la contraction.

Il importe de se demander quelle est la nature de la force qui produit les contractions musculaires. La plupart des physiologistes l'attribuent à la chaleur, d'autres à l'électricité dynamique ou magnétique.

Tout le monde sait qu'un exercice violent augmente la quantité de chaleur développée par un animal, et qu'elle se traduit par une élévation de température qui est modérée par une transpiration plus ou moins abondante. Breschet et M. Becquerel ont trouvé, à l'aide d'un couple thermométrique plongé dans les muscles d'un homme, que la température augmentait réellement lorsqu'il le fatiguait par des mouvements violents. Ces faits sont évidents; mais est-ce bien la chaleur qui peut être la cause du mouvement musculaire? Cela ne paraît pas probable. Nous n'avons d'ailleurs aucune espèce de notion du mécanisme qui lui permettrait de fonctionner.

La chaleur peut représenter une force très-puissante

dans la dilatation des métaux, dans l'élasticité de la vapeur d'eau et des fluides élastiques en général; mais aucune idée connue ne la rattache mécaniquement à la force musculaire : elle n'y intervient que comme un fait observé.

MM. Prévost et Dumas ont vu dans la contraction musculaire le résultat de courants électriques produits par l'appareil nerveux; d'autres physiologistes y ont vu un appareil magnétique, et chaque fibre musculaire, selon eux, serait formée d'une suite d'organes comparables à de petits aimants.

M. Du Bois-Reymond a même démontré, par une expérience fort contestée d'ailleurs, que de l'électricité apparaissait pendant la contraction musculaire; mais la quantité d'électricité qui devient libre par la contraction musculaire est très-faible et ne paraît point en rapport avec l'intensité du phénomène produit.

Cependant, la contraction musculaire pourrait être produite par de l'électricité dynamique sans que l'on pût la trouver par les moyens ordinaires, parce que le circuit serait fermé; mais, dans ce cas, elle aurait pu faire naître des courants par induction. Pour vérifier ce fait, j'ai préparé des couronnes formées par un fil métallique recouvert de soie, enroulé un grand nombre de fois sur lui-même, et j'ai fait communiquer les extrémités de ces fils avec un multiplicateur. On pouvait passer un bras ou une jambe dans les couronnes, selon leur diamètre, et en contracter violemment les muscles. Dans aucune de ces expériences je n'ai observé le moindre mouvement dans l'aiguille du multiplicateur.

Quoique l'électricité dynamique ne fasse qu'exciter, sans produire le mouvement musculaire; quoique rien de positif ne démontre que la force musculaire et l'électricité soient identiques, il ne répugne point d'admettre que la force musculaire soit due à l'électricité.

Le développement constant de l'électricité dans les réactions chimiques; l'existence de ces réactions chez tous les animaux où elles peuvent être considérées comme une des causes fondamentales de la vie; les attractions et les répulsions qu'elle fait naître; les effets mécaniques qu'on lui fait produire, tout donne lieu de penser qu'un agent aussi puissant a dû être utilisé pour l'accomplissement des phénomènes de la vie animale.

Il faut cependant reconnaître qu'aucun appareil inventé jusqu'à ce jour par les physiciens ne se présente dans les conditions du muscle; car il est en même temps, et partout, producteur d'électricité et agent matériel fonctionnant par l'électricité.

On entrevoit seulement dans les condensateurs, dans les appareils inducteurs, dans les aimants peut-être, les premières traces des instruments qui mettront sur la voie des recherches à entreprendre.

### SIÉGE ET ORIGINE DE LA FORCE MUSCULAIRE.

Dans le paragraphe précédent, on a vu que le muscle était le dépositaire de la force qu'il développe, et que l'électricité ne pouvait être étrangère à cette force. Il importe maintenant de rechercher le siége précis et l'origine de l'activité du muscle.

L'animal se renouvelant sans cesse par les aliments qu'il prend, ainsi que cela est démontré par la nature de ces aliments, par leur quantité, par tous les faits si variés qui accompagnent la nutrition, par la cicatrisation des plaies, par la formation du cal dans les fractures, et par la reproduction d'organes entiers chez les animaux inférieurs, et notamment chez les planaires, qui peuvent reproduire jusqu'à leur tête, il est évident que les phénomènes de la nutrition s'accomplissent jusque dans les parties les plus intimes des animaux, puisque ce sont ces parties qui les constituent.

On a vu précédemment que les animaux étaient formés par des amas de corpuscules et de cellules de formes variées; c'est donc dans ces éléments anatomiques que les principaux phénomènes de la nutrition s'accomplissent. Ils sont traversés par des fluides qui y pénètrent, qui s'y modifient par une réaction chimique, et il en sort des produits altérés ou qui ont servi.

Pour que la nutrition s'effectue, il faut que la cellule ou le globule se modifie en même temps que le fluide qui y pénètre, sans cela il n'y aurait point renouvellement. Ce phénomène est comparable, jusqu'à un certain point, à la fermentation alcoolique [1].

Il est évident que ces inductions laissent beaucoup à désirer; cependant elles paraissent rationnelles, et il est convenable de les admettre.

Si la fibre musculaire se renouvelle, quel que soit le mécanisme par lequel ce phénomène s'accomplisse, cela ne peut avoir lieu que par de la matière albuminoïde, qui fournit l'azote indispensable à son existence. Dans ce cas, cette matière perd $C_4 H_4$ et gagne $O$. Cela peut être fait par une combustion opérée par l'oxygène. Ce fluide pénétrerait à l'état de dissolution jusque dans les cellules tubulaires qui forment les fibres musculaires ; il opérerait une combustion partielle et s'échapperait sous forme d'eau et d'acide carbonique. Les parois des cellules seraient donc ainsi incessamment pénétrées par des courants de liquides chargés de fluides élastiques marchant en sens inverse.

Il serait de la plus haute importance de savoir si les matières phytosiques peuvent pénétrer dans les fibres musculaires, et si elles sont employées à la production de la force animale ; mais aucun fait positif ne l'enseigne. Leur solubilité complète dans l'eau, à quelque espèce qu'elles appartiennent, semblerait l'indiquer. Les animaux carnivores n'en consomment pas, et elles ne pourraient paraître indispensables à la vie animale, si les observations de M. Claude Bernard sur les fonctions du foie ne semblaient démontrer que de la matière albuminoïde peut être tranformée en matière phytosique dans cet organe. Il résulterait de cette observation, que ces matières seraient réellement indispensables à la vie animale, et les animaux herbivores ne se distingueraient, à ce point de vue, des carnivores, que parce qu'ils en trouveraient de toutes faites dans leurs aliments, et qu'ils en auraient une plus grande quantité à leur disposition.

Si les animaux herbivores développaient plus de force que les animaux carnivores, on serait conduit à penser

que la matière phytosique est l'origine de la force animale; cependant, l'indispensable nécessité de donner
des fruits de céréales très-azotés, de l'avoine ou de
l'orge, aux bœufs et aux chevaux qui travaillent, indique bien que c'est dans la matière azotée que la force
est puisée, ou au moins qu'elle donne l'équivalent de
cette force, parce qu'il pourrait bien se faire que les
deux sortes de matière fussent indispensables à sa production, mais que la matière albuminoïde fût la mesure de l'action qui peut être produite. En d'autres
termes, il pourrait y avoir un rapport défini entre les
quantités de ces deux matières concourant à un même
but, et la matière phytosique pourrait ne point fonctionner sans la présence de la matière albuminoïde.

La matière phytosique en excès serait brûlée sans
produire de force musculaire, ou bien serait transformée
en graisse et emmagasinée pour les besoins de l'animal.

Il serait intéressant de soumettre ces observations à
une discussion plus approfondie; mais il serait difficile
d'en tirer des conclusions ayant pour elles quelques
probabilités, à moins d'entreprendre des expériences
pour les corroborer.

Quoi qu'il en soit, il en découle des conséquences
qu'il importe de résumer dans les corollaires suivants :

La force animale a son siége dans les muscles;

Elle se développe dans leurs parties les plus intimes;

Elle est le résultat des réactions chimiques qui s'y
accomplissent;

Les matières phytosiques seules ne peuvent la produire;

Elle n'est point due à la chaleur, mais à de l'électricité développée dans des circonstances encore inconnues [40].

TRAVAIL INTELLECTUEL.

La production de la pensée, la recherche des analogies, les déductions, en un mot l'exercice de l'intelligence, représentent un véritable travail obtenu par une dépense de force. Cela est démontré par la fatigue qu'il cause et par la vieillesse anticipée des hommes qui se livrent à des méditations profondes et trop longtemps soutenues, tels que les géomètres et les véritables philosophes.

Cette opinion est d'ailleurs vulgaire et se trouve exprimée par ces mots : *travail de tête, travail de cabinet.*

Il doit en être ainsi ; car *penser est une action, et toute action est un travail.*

Au point de vue métaphysique, le travail est dû à l'emploi d'une *force.*

Les forces étant très-variables, il importe de rechercher la nature et l'origine de celle qui est dépensée dans la production des phénomènes de l'intelligence.

L'origine des forces animales étant dans les réactions chimiques qui s'accomplissent pour entretenir l'être dans son état normal, c'est dans ces réactions qu'il faut la chercher.

Ces forces sont celles qui produisent les phénomènes électriques, calorifiques et lumineux ; ou, si l'on veut, ces forces sont l'électricité, la caloricité et la lumière.

On a vu qu'il était éminemment probable que la motilité animale était due à l'électricité, et que la chaleur était répandue par tout le corps et n'avait aucun organe pour siége spécial.

Il ne resterait donc que la *lumière,* parmi les forces connues, qui pourrait être celle qui serait dépensée pour produire le travail intellectuel.

Cette déduction n'est pas si évidente par elle-même qu'elle ne puisse soulever de graves objections, et il importe d'en examiner quelques-unes :

1° Il n'y a rien qui rappelle la lumière dans les phénomènes de l'intelligence ;

2° Si la lumière peut être considérée comme la cause de ces phénomènes, on peut en dire autant de la chaleur rayonnante, qui peut être considérée comme une dépendance de la lumière ;

3° Tous les animaux se nourrissant de la même manière, devraient tous avoir une part d'intelligence proportionnelle à la dose des aliments qu'ils consomment.

*Réponse à la première objection.*

On n'a pu effectivement jusqu'à ce jour trouver une relation saisissable entre la lumière et les phénomènes intellectuels, puisque ce n'est qu'à l'aide d'un grand travail et qu'à l'époque où nous vivons que l'on a pu en soupçonner une ; mais cela ne prouve rien ; car la lumière même, après avoir frappé la rétine, a perdu son caractère lumineux et ne nous donne pas moins

une idée exacte de la forme des objets que nous pouvons constater par le toucher.

La lumière condensée dans les aliments doit devenir
libre dans la nutrition, et elle doit trouver un emploi.
On pourra dire : Mais elle doit se développer dans tous
les organes, et elle pourrait bien être transformée immédiatement en force d'une autre nature. — Cela est
possible ; mais il n'y a qu'un seul organe apparemment
où elle puisse devenir libre et fonctionner, et cet organe est le système nerveux. C'est là qu'elle se développe et produit des phénomènes spéciaux.

*Réponse à la deuxième objection.*

La chaleur, telle qu'on l'observe chez les animaux,
est de la chaleur sensible fort différente de la chaleur
rayonnante. Cette dernière modification de la chaleur
se comporte effectivement comme la lumière, et peut-
être est-elle utilisée pour la production des phénomènes intellectuels ; mais elle diffère de la lumière par
la durée des oscillations ou la longueur des ondulations qui la produit.

*Réponse à la troisième objection.*

Il est possible qu'il n'y ait que l'appareil nerveux
qui, par la spécialité de sa composition et des phénomènes chimiques qui s'y accomplissent, puisse séparer
la lumière et l'utiliser. Cela suffirait pour répondre à

la troisième objection; car le développement du système nerveux est en rapport direct avec les facultés
intellectuelles.

Peut-être voudrait-on renouveler cette vieille que-
relle sur l'intelligence des animaux, et dire qu'ils n'ont
que de l'instinct.

A cela on pourrait répondre que les phénomènes
instinctifs sont ceux qui se rapportent principalement
à la conservation des individus et de leur espèce, tels
que la faim, la soif, le besoin de respirer et de se reproduire. En dehors de là, il y a une foule d'observations remontant jusqu'au chien d'Ulysse et au cheval
d'Alexandre, qui prouvent que les animaux ont de la
mémoire, qu'ils aiment, qu'ils ont des antipathies et
qu'ils savent se venger au besoin. N'a-t-on pas vu des
loups s'associer pour exercer une vengeance? Les animaux qui vivent en société ne peuvent le faire sans
règles, sans lois qui les dominent, et ils n'ont évidemment point reçu de la nature des yeux et une sensibilité générale, pour ne point voir, ne point sentir et ne
point profiter de ces immenses avantages. Pour cela ,
il leur faut une certaine dose d'intelligence.

---

Si le système nerveux est seul appelé au développement d'une force spéciale qui aurait son origine dans
la lumière, les principales objections tombent d'elles-
mêmes; cependant, des zoologistes ayant admis que
les animaux inférieurs pouvaient avoir un système nerveux disséminé intimement dans les particules organi-

ques qui les forment, il reste encore à examiner cette condition spéciale de l'animal.

Le système nerveux produit des résultats qui dépendent de son organisation spéciale et de sa masse relative. Cela étant, on ne pourra exiger d'une méduse ou d'un polype les opérations intellectuelles d'un être organisé d'une manière plus parfaite, et où les différents systèmes, au lieu d'être confondus en un seul, sont parfaitement distincts et peuvent fonctionner indépendamment les uns des autres. Dans le cas de ces animaux, il peut y avoir une force dépensée comme chez ceux qui leur sont supérieurs; mais elle ne peut se spécialiser dans ses actes, ni produire les mêmes effets.

Avant d'aller plus loin, il importe d'examiner de quoi se compose le travail intellectuel.

La base du travail intellectuel est l'*idée* ou le sentiment d'une action conçue ou perçue par l'animal.

Les idées ont trois origines : ou elles sont instinctives et sont dues aux besoins éprouvés par l'animal, ou elles sont le résultat d'actions exercées sur lui par les êtres ambiants, ou enfin elles sont puisées dans le résultat du travail intellectuel même.

Tous les animaux peuvent avoir des idées instinctives, parce que tous éprouvent des besoins ou peuvent courir des dangers.

Tous les animaux peuvent avoir des idées du deuxième ordre, parce que tous possèdent au moins le sens du toucher, qui les met en rapport avec les êtres extérieurs.

L'homme possède les idées du troisième ordre au plus haut degré de développement.

Ces idées sont celles qui naissent de la comparaison et du rapport des êtres ou des idées qu'ils ont fait naître.

La géométrie, la science du calcul et la mécanique rationnelle n'existent que par suite de cette faculté si développée chez l'homme.

Tous les animaux peuvent avoir l'*idée* de la faim et même de chercher les moyens de la satisfaire. Ils peuvent tous éprouver la réaction des corps ambiants, et avoir une *idée* de leur résistance et de leur forme, de leur température et d'autres propriétés s'ils ont des sens plus développés; mais il n'y a que l'homme qui, comparant deux grandeurs et cherchant leurs rapports, ait pu créer des *idées nouvelles, abstraites,* et, de déductions en déductions, aller jusqu'à créer les sciences les plus sublimes.

A mesure que l'organisation des animaux se complique, on voit chez eux se développer une faculté qui porte le nom de *mémoire*. Cette faculté est toujours en rapport avec le développement relatif du cerveau. Non-seulement cet organe est un centre de perception, mais il est aussi une espèce de récepteur dans lequel viennent se condenser et se conserver les traces des idées qu'il a perçues. C'est en vain que la force qui aura produit ces idées se sera dissipée et aura disparu, il y restera un indice, un *souvenir*.

Le *travail intellectuel* consiste à reproduire les idées quelle que soit leur origine, à les comparer et à en déduire des conséquences. Aussi l'homme plongé dans l'obscurité, inactif en apparence, peut-il exécuter un travail intellectuel qui le fatigue et l'anéantisse même.

Ce travail n'est point un travail mécanique proprement dit, puisqu'il se fait sans déplacement de masses pondérables; mais il est évidemment produit par des vibrations et des ondulations qui s'exercent dans les parties les plus intimes du cerveau, mouvements qui s'éteignent en se transformant en *chaleur sensible,* comme on le verra bientôt.

Les mouvements vibratoires et ondulatoires qui donnent naissance aux idées s'effectuent sans relâche; ils s'accomplissent pendant le sommeil comme pendant la veille, et donnent ainsi lieu à une perte de travail très-considérable.

Ce travail est une *réaction* qui reproduit les impressions originelles.

Pendant le sommeil, ces mouvements donnent lieu aux songes, dans lesquels apparaissent des formes et des couleurs; on entend des sons et l'on éprouve des douleurs morales; mais rarement on perçoit des saveurs et des odeurs.

Pendant la veille, ces mouvements, au lieu d'être abandonnés à eux-mêmes comme ceux d'une machine sans conducteur, sont soumis à une *volonté* qui en dirige l'exercice. Cette volonté conduit l'homme comme un cavalier conduit son cheval; c'est elle qui fait qu'il surmonte la douleur, qu'il marche jusqu'au complet épuisement de ses forces, ou qu'il succombe à un travail intellectuel immodéré.

L'être dynamique à qui est dévolue cette fonction, la plus élevée de toutes, diffère, comme nature et comme origine, des forces animales qui ont été étudiées jusqu'à ce moment; ou bien la science n'est pas assez avancée pour révéler les relations qu'il présente avec les agents naturels connus, ou bien il en est d'autres à découvrir.

Cet être qui *commande* aux organes du mouvement et de la pensée, qui *compare* les actions exercées dans le cerveau, qui en tire des *conséquences*, fait des *abstractions* et peut aller jusqu'à l'*invention*, ne peut être autre chose que l'*âme;* il exécuterait des mouvements à l'aide d'organes spéciaux, penserait à l'aide d'un cerveau, et ce travail exigerait une dépense de forces dont l'origine serait dans les aliments pris par l'animal.

### CHALEUR ANIMALE.

Les vertébrés aériens ont en général une température plus élevée que celle du milieu dans lequel ils vivent. Cette élévation est plus grande chez les animaux dont le sang passe tout entier par le poumon, tels que les mammifères et les oiseaux, que chez ceux où une partie du sang peut ne pas passer par cet organe, comme chez la plupart des reptiles. Ce seul fait indique qu'il y a une relation entre la température des animaux aériens et la respiration, et que cette température est d'autant plus élevée que celle-ci est plus développée.

La température des animaux aquatiques est sensiblement la même que celle de l'eau dans laquelle ils vivent, et l'on conçoit facilement qu'il doive en être ainsi, parce que la masse du liquide est assez considérable pour opérer un refroidissement constant.

Malgré cet abaissement de température, les animaux aquatiques, et notamment les poissons, n'exécutent pas moins des mouvements très-vifs et longtemps soutenus lorsqu'ils appartiennent à la classe des voyageurs, et l'on peut en conclure que la perte de chaleur qu'ils éprouvent ne nuit en rien à l'exécution de leurs mouvements.

Il serait oiseux de discuter l'origine de la chaleur animale; on sait parfaitement qu'elle provient de réactions chimiques, et qu'une très-faible partie pourrait être attribuée à des frottements.

Les principales réactions chimiques qui s'accomplissent chez les animaux sont dues : 1° à la préparation des aliments pour les mettre en état d'être assimilés; 2° à l'assimilation; 3° à la destruction des éléments des tissus; et 4° à celle des produits phytosiques.

Ces réactions consistent dans une suite de transformations qui ont pour but final une combustion du carbone et de l'hydrogène, une hydratation et une élimination de l'azote et des produits minéraux.

La chaleur développée par les animaux doit être très-probablement proportionnelle à la somme de toutes les actions chimiques qui s'y accomplissent; car quand bien même la force musculaire serait due à de l'électricité, et les réactions intellectuelles à de la lumière, ces forces n'étant point *émises* hors de ces êtres dans leur état immédiat, doivent subir une transformation et se changer en *chaleur sensible,* et les quantités de chaleur doivent toujours être proportionnelles aux quantités d'électricité et de lumière produites.

La quantité de chaleur produite par les animaux doit donc correspondre exactement à la somme des actions chimiques qui s'accomplissent en eux.

Si les observations qui précèdent sont bien fondées, on peut en conclure qu'une faible partie de la chaleur dégagée par un animal doit représenter sa force musculaire ; car indépendamment de la chaleur dégagée dans la préparation des aliments, de celle provenant des fonctions du système nerveux, il y a encore celle qui est donnée par les réactions chimiques qui produisent le tissu cellulaire et le tissu épidermique. Cela conduit à penser que tous les efforts des inventeurs de machines motrices doivent se tourner vers l'imitation des muscles, qui développent une force si considérable en consommant si peu de matière alimentaire [41].

Les systèmes organiques des animaux peuvent fonctionner indépendamment les uns des autres et avec plus ou moins d'activité ; or, si l'un est plus exercé que l'autre, le sang s'y porte, il y règne une plus grande activité, sa destruction et sa réparation sont plus actives : c'est ainsi qu'un système organique peut accaparer des forces aux dépens des autres.

Si l'on ne voulait pas admettre que la force musculaire se produit dans les muscles, et la force dépensée pour les actes de l'intelligence, dans le cerveau, il faudrait que les réactions chimiques s'accomplissent ailleurs que dans ces organes, dans le sang, par exemple, et que la force musculaire fût transportée dans le muscle, et la force qui produit le travail intellectuel, dans le cerveau. Selon cette opinion, il se ferait un triage de l'électricité et de la lumière, et chacune de ces forces serait transportée où elle pourrait fonctionner. Cette idée n'est pas sans valeur; sa réalisation aurait surtout l'avantage de faire que toutes les forces produites fussent employées, et que l'animal fonctionnât plus *économiquement;* mais cela n'est pas probable. On ne peut produire ces trois forces dans un lieu et les séparer pour les faire fonctionner séparément; car ce serait en tripler la quantité. Cela ne pourrait se faire que successivement, c'est-à-dire qu'il faudrait que l'électricité qui aurait fonctionné dans les muscles fût transportée dans le cerveau pour y produire de la lumière, et que cette lumière fût ensuite répartie par tout le corps sous forme de chaleur sensible.

La chaleur développée par les animaux est donc due aux réactions chimiques qui s'accomplissent en eux; mais il n'y en a qu'une partie qui soit produite directement par ces réactions; le reste est dû à une transformation de l'électricité et de la lumière.

*Corollaire de la partie dynamique.*

L'activité de l'animal vient des forces condensées dans ses aliments.

Ces forces deviennent libres dans des réactions chimiques.

Elles sont représentées par de l'électricité, de la lumière et de la chaleur.

La force musculaire est probablement due à l'électricité.

93

Le *travail intellectuel* exige l'emploi d'une force qui paraît être la lumière.

La chaleur sensible est le produit direct des réactions chimiques et le résultat de la transformation de l'électricité et de la lumière.

RÉSUMÉ ET CONCLUSIONS.

Les végétaux, en se développant à la surface du globe, condensent de l'électricité, de la lumière et de la chaleur qu'ils tirent du soleil.

Ces agents de la nature sont dus à des mouvements spéciaux des corpuscules qui constituent les êtres naturels; mais dans l'état actuel de la philosophie des sciences, on peut les considérer comme des *forces*.

Les forces latentes dans les végétaux deviennent libres par la combustion, par la putréfaction et dans l'acte de la nutrition des animaux.

Les dépôts de combustibles fossiles représentent des masses considérables de matières végétales qui retiennent, à l'*état latent*, des forces qu'elles ont reçues du soleil.

Toutes les forces mécaniques dépensées à la surface du globe, excepté celles qui sont dues à la pesanteur et une partie de celles dues à l'électricité, ont été puisées dans cet astre [42].

La force animale et la force élastique de la vapeur sont dans ce cas : toutes deux proviennent de la combustion de matières organiques.

Les petites machines mues par des poids ou des ressoris sont aussi mues par des forces puisées à la même source : une horloge, une pendule et une montre, marchent parce qu'un homme y a déposé une partie de la force qui se développe en lui.

L'homme a le plus grand intérêt à ménager les dépôts de combustible minéral et à planter des forêts; car s'il détruit les uns et les autres, et s'il n'invente pas de nouveaux moyens pour condenser les forces inépuisables qui se trouvent dans le soleil, il sera condamné à une dégradation sociale rapide. Si le combustible lui manque, il n'aura plus d'autres métaux que ceux qui se trouvent à l'état natif, tels que l'or et l'argent, et il sera privé de cette force merveilleuse qui lui permet de surmonter les plus grands obstacles et de franchir l'espace avec une vitesse inespérée il y a moins d'un demi-siècle. En un mot, il devra renoncer à tous les avantages qui nous ont été procurés par les inventions qui caractérisent l'époque où nous vivons.

On doit voir avec douleur que l'homme vit en général comme s'il ne devait point y avoir de lendemain, et comme s'il ne faisait point partie d'une race qui doit se perpétuer, et pour laquelle il devrait avoir la même sollicitude qu'un père pour ses enfants. Au lieu d'appliquer ses facultés à l'exploitation modérée des dépôts de combustibles et à la création de forêts, il ravage la surface du globe sans s'inquiéter de ce qui en adviendra pour les races futures.

La puissance de l'Angleterre n'est pas seulement dans le génie de ses habitants, mais aussi dans la force matérielle qu'elle puise dans le combustible minéral. Quand la nation anglaise aura épuisé cette source de puissance et de richesse, car elle s'épuisera, elle descendra du rang où elle est placée, et ne pourra soutenir la concurrence avec les autres peuples; elle n'aura plus pour elle que la chance de former un entrepôt de marchandises dans un État qui est situé dans le nord de l'Europe.

Puissent ces lignes être comprises par ceux qui gouvernent les États! Puissent les détenteurs du sol être bien pénétrés de cette vérité : que toute l'agriculture ne consiste pas dans des rotations de plantes, mais aussi dans la plantation et la conservation des forêts! C'est dans les combustibles que l'homme saura trouver les forces qui lui assurent la richesse et l'indépendance; car il ne suffit pas qu'il vive comme individu, mais aussi comme être social et comme élément des nations.

Le travail intellectuel, tout aussi bien que le travail mécanique des animaux, est dû à l'emploi d'une force puisée dans la radiation solaire.

Cette force est dépensée continuellement; mais son emploi est dirigé par une faculté supérieure.

La chaleur animale a aussi la même origine.

La force musculaire est probablement due à de l'électricité. La force cérébrale dérive probablement de la lumière, et est un des modes de sa manifestation.

La chaleur correspond à la somme de toutes les actions chimiques accomplies dans l'animal, et elle est produite, soit directement, soit par la transformation de l'électricité et de la lumière.

Si quelques-unes des notions développées dans cet

opuscule peuvent ne point paraître aussi évidentes qu'il
serait désirable qu'elles le fussent, il ne faudrait cependant point les repousser, à moins qu'un examen approfondi n'en eût démontré la fausseté, car elles ont pour
elles de grandes probabilités. Il faut donc attendre et
demander au temps et à l'expérience la sanction dont
elles peuvent avoir besoin.

# NOTES ET DOCUMENTS.

# NOTES ET DOCUMENTS

RELATIFS A LA DYNAMIQUE DES ÊTRES VIVANTS.

1 *Autoptique,* ce qui est observable immédiatement; *crypto-ristique,* ce qui est moins évident et ne peut être trouvé que par une étude approfondie ou par induction. (AMPÈRE, *Philoso-phie des Sciences.*)

2 On doit à Ampère la création de la statique corpusculaire, et il faut lire ce qu'il écrit sur la mécanique pour voir avec quelle netteté il a su préciser les limites de chaque partie qui s'y rattache, et donner à chacune d'elles un nom convenable· Le mot *cinématique,* adopté généralement aujourd'hui pour désigner la science qui s'occupe du mouvement, est dû à Ampère.

3 Le mot *anatomie* est insuffisant pour répondre à la pensée générale qui m'a guidé dans la rédaction de cet article; celui qui correspondrait à *structure* le serait encore; il faut un terme nouveau qui corresponde à ce que nous entendons par *consti-tution,* ce terme devant comprendre non-seulement la *structure,* qui est relative aux assemblages visibles, mais aussi la *cons-titution chimique,* considérée à tous les points de vue.

4 Je crois devoir dire *êtres vivants* et non point *êtres organi-ques,* parce qu'un être organique privé de la vie ne présente plus les phénomènes qui sont l'objet de ce travail.

5 Un jour viendra, et ce jour n'est pas très-éloigné, où l'on reconnaîtra la nécessité d'instituer trois nouvelles sciences : la

*tératologie,* la *pathologie* et la *pharmaceutique* (Ampère), communes aux végétaux et aux animaux. Il existe déjà des matériaux qu'il suffirait de rassembler pour avoir un commencement d'exécution. L'institution de ces sciences conduirait à de *nouvelles lois* qui jetteraient une vive lumière sur les fonctions des parties les plus intimes des êtres vivants, et rectifieraient sans doute beaucoup d'opinions erronées que l'on ne rencontre que trop souvent dans les ouvrages qui traitent des sciences médicales.

[6] Je possède un manuscrit de Gaubius, antérieur aux travaux de Bichat, qui est un véritable traité d'anatomie générale, où le sang et l'urine se trouvent décrits avec tout ce que pouvait comporter un tel travail à l'époque où il a été entrepris.

[7] *Essai de statique chimique des êtres organisés.* Broch. in-8° de 88 pages. 1842. Paris, Fortin. Masson, lib.

[8] Les particules des corps organiques sont des sphéroïdes ou des ellipsoïdes ne pouvant donner lieu à aucune forme cristallisée, et sont formées de molécules qui, elles-mêmes, sont constituées par d'autres ordres de molécules et par les atomes.

[9] *Introduction à l'étude de la chimie,* Paris, 1833, page 66 :
« La nature gazeuse de ces éléments (ceux qui constituent les
» matières organiques) vient, en grande partie, de ce que les
» végétaux ne s'accroissent guère qu'aux dépens des gaz et des
» vapeurs composant l'atmosphère, et de ce que les animaux
» s'assimilent des matières végétales et les éléments de l'atmos-
» phère avec des matières animales formées par le concours
» des uns et des autres. »
Page 84 : « C'est dans la nutrition des êtres organisés que l'on
» trouve la cause de la composition des matériaux qui les for-
» ment. C'est ce genre de nutrition qui est lui-même la cause
» de leur destruction, lorsqu'ils sont privés de la vie. »

[10] *De l'existence de courants interstitiels dans le sol arable, et de l'influence qu'ils exercent sur l'agriculture;* par A. Baudrimont. Broch. in-8°. Bordeaux, 1852.

¹¹ Les savants qui s'occupent de physiologie végétale ont cité bien souvent, à l'appui de cette assertion, un cactus du Pérou, qui était dans une des serres du Muséum d'Histoire naturelle de Paris. Ce cactus, qui était planté dans une petite quantité de sable et que l'on n'arrosait presque jamais, a pris un tel accroissement, que l'on a dû percer le toit de la serre où il était renfermé, et, à diverses reprises, y établir des lanternes les unes sur les autres, pour laisser passer sa tige, dont la hauteur était vraiment surprenante.

Il ne faut point oublier cependant que les tissus élémentaires des végétaux ne peuvent exister sans matière minérale, et que celle-ci a dû être tirée, sinon en totalité, au moins en grande partie, du sable où était planté le cactus. Une autre partie de la matière minérale aurait pu venir de la poussière qui existe toujours dans l'atmosphère, et que l'on observe si facilement dans un rayon solaire qui pénètre dans l'intérieur d'une chambre obscure; mais rien ne peut être affirmé à cet égard.

(Voir les *Expériences de de Saussure sur la végétation*, et celles qui ont été entreprises plus récemment par M. Boussingault. *Économie rurale* et *Annales de Chimie et de Physique*, 3ᵉ série; et par M. Will. Mêmes *Annales*, même série.)

¹² Les champignons ne sont des végétaux que par suite d'une *définition spéciale* de la plante; mais, considérés en eux-mêmes, ce sont des êtres intermédiaires aux végétaux et aux animaux, ou qui ne sont ni l'un ni l'autre. Daubenton avait proposé, mais pour d'autres raisons, d'en faire un quatrième règne de la nature.

¹³ La chaleur propre de la terre n'est pas étrangère à l'accroissement des végétaux; mais elle ne peut y être que pour une très-faible fraction de celle du soleil.

¹⁴ Ces notions, qui sont dues à mes observations personnelles, m'ont paru si importantes, que j'ai cru devoir diviser les produits chimiques organiques en *moléculaires* ou *définis*, et en *particulaires*, dans le *Traité de Chimie* que j'ai publié en 1846. (V. tom. XI, pag. 433-434, et pag. 842 et suiv.)

[15] Dans le courant de ce travail, les équivalents des éléments chimiques qui constituent les matières organiques sont les suivants :

Hydrogène . . . . . . . H $=$ 1.

Carbone . . . . . . . . C $=$ 6.

Oxygène . . . . . . O $=$ 8.

Azote. . . . . . . . . A $=$ 14.

Il résulte de cette condition, que l'eau, l'acide carbonique et l'ammoniaque sont représentés par les formules suivantes :

Eau . . . . . . . . . . $H O$

Acide carbonique . . . $C O_2$

Ammoniaque. . . . . . $A H_3$

[16] V. mon *Traité de Chimie*, tom. II, pag. 870 et suiv.

[17] MM. Schmidt, Lœwig, Kœlliker et Payen, ont trouvé de la matière ligneuse dans l'enveloppe d'animaux d'un ordre très-inférieur, nommés *tuniciens*, qui sont intermédiaires aux mollusques et aux polypes, selon M. Edwards.

[18] La composition de la cérosie peut être représentée par $C_{96} H_{96} O_4$. Selon Gérhardt, elle pourrait être une espèce d'aldéhyde ou d'éther. Dans ce cas, il faudrait réduire sa formule de moitié, parce que les composés de cet ordre ne contiennent que deux équivalents d'oxygène. Il est plus probable que la cérosée a une constitution analogue à celles du blanc de baleine et de la cire ordinaire, et qu'elle doit être un corps neutre pouvant être formulé par $C_{46} H_{47} O_3, C_{48} H_{49} O$, qui représente une espèce d'éther salin. Dans ce cas, la condensation s'arrêterait à 48.

[19] La structure de l'albumine, soupçonnée par M. Raspail, a été démontrée par moi, et je suis parvenu non-seulement à rendre visibles les globules qui la forment, mais à en mesurer le diamètre. (V. mon *Traité de Chimie*, tom. XI, p. 884.

[20] A mesure que l'on soumettra la composition des animaux de divers ordres à un examen approfondi, le nombre des matières albuminoïdes et celui des matières appartenant au groupe suivant augmenteront considérablement. On trouvera des matiè-

res dont les propriétés seront variables, mais dont la composition de la partie combustible demeurera sensiblement constante. Il n'en sera pas de même de la matière minérale que l'on y rencontrera ; car cette dernière entre pour beaucoup dans la modification des propriétés de ces sortes de produits. En résumé, une même matière organique change de propriétés apparentes par l'addition ou la soustraction des matières minérales. (V. ce que j'ai dit de la pectose, *Traité de Chimie*, tom. II, pag. 870.)

[21] Le sucre de canne, dissous dans l'eau distillée, subit la fermentation visqueuse au contact de l'albumine solidifiée par la chaleur. La membrane de l'estomac du veau produit un effet analogue. Le sucre, ainsi transformé, est sous forme de particules, ainsi que je l'ai observé depuis plus de quinze ans.

[22] Cette matière est aussi analogue à celle qui a été trouvée dans le sol arable par M. Verdeil. Cette dernière matière pourrait se former pendant la putréfaction des engrais dans le sol ; mais elle pourrait bien n'être aussi que de la sève descendante qui aurait exsudé des végétaux. A l'appui de ce fait, je puis dire qu'à la suite d'un éboulement arrivé sur le bord du bassin d'Arcachon, j'ai trouvé des masses de térébenthine imprégnées de sable, qui étaient sorties des racines, à une certaine profondeur dans le sol. Cela prouve que la sève descendante et les sucs propres des végétaux peuvent exsuder de leurs racines.

[23] *Expériences sur les végétaux*, par Ingen-Housz. In-8º. Paris, 1787. (Note au bas de la page 97.)

[24] V. mon *Traité de Chimie*, tom. II, pag. 239 et 784-785.

[25] Chez les plantes dicotylédonées, l'embryon communique directement avec les cotylédons par des cordons vasculaires ou vésiculaires ; chez les plantes monocotylédonées, l'embryon est généralement libre et accompagné d'un endosperme ou dépôt de substance nutritive ; chez les plantes agames, les *sporules* ou embryons rudimentaires sont libres et ne peuvent se déve-

ιopper que lorsqu'ils trouvent une nourriture toute formée, cependant, les granules séminales des fougères n'ont besoin de ce concours que dans les premiers temps de leur développement, parce que ces plantes produisent amplement de la matière verte qui intervient dans leur nutrition en donnant naissance à la matière organique.

Les plantes dicotylédonées dont les graines sont excessivement petites, comme celles des orchidées, des épidendrées, et même du tabac, sont à peu près dans le même cas que les fougères. On peut hâter singulièrement le développement de ces plantes en leur donnant une nourriture artificielle, ou des engrais, dans les premiers temps de leur développement.

[26] La nutrition des animaux aquatiques s'opère comme celle des animaux atmosphériques. Les opérations de pisciculture existant dans les environs du bassin d'Arcachon (Gironde) ont démontré qu'il y a des poissons herbivores, et l'on a disposé pour eux des parcs sous-aquatiques où ils vont paître. Diverses variétés de *muges* s'y nourrissent principalement d'une plante nommée *ruppia spiralis*. C'est bien là une véritable plante appartenant à la famille des naïadées, et qui, quoique croissant sous l'eau, doit, comme toutes les autres plantes, emprunter du carbone à l'acide carbonique et émettre de l'oxygène sous l'influence solaire. D'autres poissons sont zoophages, comme l'anguille, qui vit principalement de petits crustacés, et tout le monde connaît le brochet et le requin, qui vivent de proie vivante, l'un dans l'eau douce, l'autre dans la mer. Il y a donc, pour la nourriture des animaux aquatiques, un point de départ tout à fait semblable à celui des animaux aériens : 1º formation de matière organique par les végétaux ; 2º animaux intermédiaires entre les végétaux et les animaux carnivores, qui semblent créés uniquement pour servir de pâture à ces derniers ; car au point de vue final de la nature, ces animaux peuvent être considérés comme des plantes ambulantes, ou comme des êtres qui représentent une nourriture végétale à demi élaborée pour l'usage d'êtres supérieurs.

La physiologie des algues marines est malheureusement inconnue. On ne sait si ces êtres consomment de l'oxygène ou en
émettent. Baignées dans un fluide qui contient une foule de matières en dissolution et en suspension, elles pourraient y trouver leur nourriture, comme les polypes fixes. Cependant, la
nécessité de l'existence d'aliments pour les nombreux animaux
locomobiles de la mer, donne lieu de penser que les algues
s'accroissent dans les mêmes conditions physiologiques que les
végétaux. Cependant encore, il pourrait y avoir parmi ces êtres
des espèces qui se nourrissent à la manière des animaux, et il
pourrait aussi y en avoir qui possèderaient les deux modes de
nutrition, de telle manière qu'un de ces êtres amphibiotiques
créerait d'une part ce qu'il consommerait de l'autre, ainsi que
cela pourrait être pour les animalcules observés par Priestley
et reconnus par Inghen-Housz.

[27] Le Mémoire inséré dans les *Actes de l'Académie de Bordeaux*
a été imprimé en mon absence, et se trouve rempli de fautes
typographiques [1]. Par exemple, il y a dans le titre même *as-
tronomie* pour *anatomie*. L'édition de la revue scientifique est
plus correcte.

[28] V. le Mémoire cité dans la note précédente.

[29] Depuis un grand nombre d'années, je désirais avoir l'occasion d'entreprendre l'analyse d'un de ces animaux, principalement pour savoir si la matière nerveuse était unie intimement
aux particules qui le constituent, comme l'ont soupçonné de
Lamarck, Cuvier, Latreille et Geoffroy Saint-Hilaire. Je pensais
d'ailleurs que la matière nerveuse serait une substance grasse
caractérisée par la présence du phosphore.

[30] Extrait du travail intitulé : *Du Développement du fœtus*,
par MM. Baudrimont et Martin Saint-Ange. — Tom. XI des *Mé-
moires des Savants étrangers de l'Institut.* Paris, 1850.

[31] Le pancréas est une glande située vers la partie supérieure

---

[1] Cette publication a été faite sous mon prédécesseur. *(Observ. de l'imprimeur.)*

de l'intestin ; et dont le canal excréteur s'ouvre dans l'intestin même, toujours au-dessous de l'estomac.

[32] Est-il bien vrai que les lions et les tigres ne mangent rien autre chose que de la chair?... Les chats domestiques prennent des aliments mixtes ; et la mort si rapide des lions et des tigres tenus en captivité, n'est-elle point en grande pàrtie due à ce que l'on croit ne devoir les nourrir qu'avec de la viande? Il est bien vrai, toutefois, que les ophidiens qui avalent leur proie ne prennent que de la nourriture animale.

[33] On pourrait admettre que l'albumine du chyle serait tirée du sang même, et lui serait apportée, soit par les vaisseaux lymphatiques, soit par les artères des glandes mésentériques ; mais cela est d'autant plus douteux, qu'à la surface de la vésicule ombilicale des oiseaux, pendant l'incubation, il existe de véritables vaisseaux chylifères qui puisent directement dans le vitellus les substances qu'ils charrient.

[34] Le mucus a été analysé par M. Scherer et par M. Kemp. Ces deux expérimentateurs n'ont pas obtenu de résultats concordants. Le mucus analysé par M. Scherer provenait d'un kyste pathologique ; celui analysé par M. Kemp provenait de la vésicule biliaire.

Voici la moyenne des résultats obtenus :

|  | Scherer. | Kemp. |
|---|---|---|
| Carbone | 0,5241 | 0,5190 |
| Hydrogène | 0,0697 | 0,0780 |
| Azote | 0,1282 | 0,1440 |
| Oxygène? | 0,2780 | 0,2590 |
|  | 1,0000 | 1,0000 |

[35] Depuis bien des années, j'appelle l'attention des expérimentateurs sur la présence du fluorure calcique dans les os. Ce fluorure doit remplir une fonction importante, puisqu'on en trouve généralement un équivalent pour trois de phosphate dans les phosphates naturels. Sa présence dans les os indique

qu'il doit exister dans les cendres des plantes. Il joue probablement un rôle considérable dans la physiologie agricole.

[36] Je me suis assuré par une suite d'expériences que la soude est à l'état de bi-carbonate dans le sang et non à l'état de carbonate, comme on l'admet généralement. Cela doit être, puisque le sang contient un excès d'acide carbonique; mais le carbonate de soude modifie les propriétés du sang, du sérum et de l'albumine des œufs. Le bi-carbonate ne produit point cet effet.

[37] Il y a chez l'homme plus de sels de potasse qu'on ne le pense généralement; car j'en ai trouvé des quantités considérables dans les déjections des cholériques. Sa présence est expliquée par les sels de potasse contenus dans nos aliments, qui sont plus abondants que ceux de soude et compensent l'emploi du sel marin dont nous faisons un usage journalier.

La potasse existe principalement dans le système musculaire; cela rend compte de l'effet tonique des boissons ordinaires de l'homme, telles que le vin et la bierre, qui contiennent beaucoup de potasse, et des ravages opérés par le choléra, qui est caractérisé par des crampes et par la diminution rapide du volume des muscles.

[38] On ne compte que cinq sens; mais il y en a au moins six, indépendamment de celui qui résulte du rapprochement des sexes. A la vue, l'ouïe, l'odorat, le goût et le toucher, il faut ajouter l'*appréciation des variations de température*.

C'est bien là un sens spécial qui ne peut être nié, surtout lorsqu'il s'agit des effets produits par la chaleur rayonnante qui agit sans qu'il y ait aucune espèce de contact.

[39] Le ferment est une matière azotée formée de particules visibles au microscope. Ces particules absorbent une dissolution de sucre; celui-ci se détruit dans leur intérieur, et se trouve transformé en alcool et en acide carbonique qui exsude des particules même, ainsi que je l'ai indiqué dans mon *Traité de Chimie*, t. II, p. 912. Dans cette réaction, les particules de fer-

ment sont modifiées dans leur composition chimique, en même temps que le sucre, et la matière albuminoïde qui les forme donne naissance à du lactate d'ammoniaque par une réaction inverse de celle qui a donné naissance à la matière azotée.

40 La fibre musculaire du bœuf est formée de cellules cylindroïdes ajustées bout à bout. La longueur des cellules est variable et atteint jusqu'à deux fois son diamètre. Les stries transversales indiquées par les anatomistes ne sont en grande partie que des plis formés par les parois des cellules.

Il est probable que l'albumine ne pourrait pénétrer dans les fibres musculaires à cause de sa forme particulaire. Dans ce cas, deux conditions se présentent : ou les particules albuminoïdes ne pénètrent pas dans les cellules musculaires, ou elles se dissolvent pour y pénétrer.

Dans le premier cas, elles resteraient en dehors, tandis que la matière phytosique pénétrerait dans son intérieur, et les tubilles se reproduiraient de dehors en dedans. Il y aurait donc une marche concentrique de la matière albuminoïde et peut-être de la matière phytosique, puis un retour excentrique des produits provenant de leur destruction.

En général, toutes les cellules azotées seraient formées par un mécanisme analogue à celui qui vient d'être décrit.

Dans le second cas, l'albumine subirait une dissolution complète, et pénétrerait dans les cellules, qui se détruiraient et se reformeraient en même temps, à l'intérieur, sans que l'on pût comprendre ce que deviendrait leur paroi extérieure, à moins d'en admettre la *permanence*.

Ces observations conduisent à comprendre que la théorie de la formation des cellules a besoin d'être soumise à un examen sévère; que jusqu'à ce qu'on l'ait démontrée, on ne doit la considérer que comme une opinion qui pourra être grandement modifiée par des études ultérieures, et qu'elle pourrait bien, ainsi que je l'ai dit au commencement de cette Notice, n'être pas aussi générale qu'on le pense.

41 L'homme résume en son être toutes les sciences et leurs

applications. L'étude approfondie de sa structure et des phénomènes qui s'accomplissent en lui devra conduire aux plus bril-
lantes découvertes.

Ses appareils et ses organes seront copiés un jour et utilisés
pour produire de la chaleur et de la force.

**42** Cependant, les chutes d'eau qui sont utilisées par l'homme
sont dues à la chaleur; car l'eau qui descend de ses sources
pour aller de chute en chute jusqu'à la mer, est le résultat de
l'évaporation de l'eau de la mer.

Le flux et le reflux de la mer sont étrangers à la chaleur
puisée dans le soleil.

L'électricité due à la réaction d'un acide sur un métal a été
en partie puisée dans le soleil par le combustible qui a servi
pour extraire le métal, et cette force a passé du combustible
dans le métal.

L'électricité statique développée par les machines à frottement qui la produisent, celle développée par l'induction produite par les aimants, sont le résultat de la transformation de
la force animale en électricité, par l'intermédiaire d'une machine.

Bordeaux. — G. Gounouilhou, pl. Puy-Paulin, 1